保持你的善良
也要坚持
你的底线

小彬 著
XIAO BIN

北方文艺出版社

图书在版编目（CIP）数据

保持你的善良，也要坚持你的底线 / 小彬著.
-- 哈尔滨：北方文艺出版社，2019.9
 ISBN 978-7-5317-4583-9

Ⅰ.①保… Ⅱ.①小… Ⅲ.①人生哲学－通俗读物
Ⅳ.① B821-49

中国版本图书馆 CIP 数据核字（2019）第 138113 号

保持你的善良，也要坚持你的底线
Baochi Nide Shanliang Yeyao Jianchi Nide Dixian

作　者 / 小　彬	
责任编辑 / 路　嵩	封面设计 / 米　乐
出版发行 / 北方文艺出版社	邮　编 / 150080
发行电话 /（0451）85951921 85951915	经　销 / 新华书店
地　址 / 哈尔滨市南岗区林兴街3号	网　址 / www.bfwy.com
印　刷 / 三河市人民印务有限公司	开　本 / 880mm×1230mm　1/32
字　数 / 183 千	印　张 / 8.5
版　次 / 2019 年 9 月第 1 版	印　次 / 2019 年 9 月第 1 次印刷
书　号 / ISBN 978-7-5317-4583-9	定　价 / 42.00 元

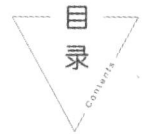

目录

第一章　你总是心太软，所有委屈都自己扛 / 001

1. "好人综合征"是一种病，得治 / 003
2. 委屈自己成全别人，是一种不公平的善良 / 006
3. 妥协得越多，失去得就越多 / 009
4. 做人要厚道，但是不能太软弱 / 012
5. 对伤害过你的人，你有权选择不原谅 / 015
6. 别把所有问题都自己扛 / 017
7. 这个世界从不缺善良，缺的是原则 / 020
8. 这个世界比你想象得残酷 / 023
9. 连命运都不同情弱者 / 025

第二章　什么都忍，不是善良是懦弱 / 029

1. 廉价的宽容会变成纵容 / 031
2. 你忍气吞声，换来尊重了吗 / 033

3. 吞下那些脏话，你的内心会"消化不良" / 036
4. 总有人把你的迁就和忍让当成无能来践踏 / 039
5. 过度宽容等于自虐 / 041
6. 我不是没脾气，只是不轻易发脾气 / 044
7. 不要让自己的容忍变得一种懦弱 / 046
8. 远离那些不懂感恩的人 / 048

第三章　我对你好，不是让你得寸进尺 / 051

1. 为什么有时候付出太多却没有得到应有的回报 / 053
2. 别把我对你的付出，当成理所当然 / 055
3. 不要随便施舍你的同情 / 058
4. 只想让你付出的人，越早绝交越好 / 060
5. 有时候退一步，不一定是"海阔天空" / 062
6. 两个人轮流付出，关系才可以持久 / 065
7. "跷跷板定律"，与人相处保持平衡最重要 / 067
8. 别被突然升温的"友情"烫伤 / 070
9. 为什么你真心地付出，换来的却是伤害 / 073

第四章　为什么你的善良会被人利用 / 077

1. 是非不分的善良是愚蠢 / 079
2. 警惕别人把你当枪使 / 081
3. 不可屈服于"我弱我有理"的威胁 / 084
4. 你的好付给懂得珍惜的人才有意义 / 087
5. 心软被骗！警惕有人正在利用你的善良 / 089
6. 善良的你，帮助别人时要多留个心眼 / 092

7. 一个内心缺少爱的人，最容易上当受骗 / 095

8. 你可以骗我，但要注意次数 / 098

第五章　你吃了那么多亏，有福了吗 / 101

1. 不要以为所有吃的亏都会变成福 / 103

2. 可以吃亏，但别吃哑巴亏 / 105

3. 遭遇抢功，你发声了吗 / 107

4. 坐等恩赐不可取 / 110

5. 吃亏，但也要懂得如何争取自己的利益 / 113

6. 职场哪些利益必须争取 / 115

7. 丢了"芝麻"是为了得到"西瓜" / 119

8. 教你几招如何不吃哑巴亏 / 121

第六章　你爱到没底线，TA 伤你就没顾忌 / 125

1. 你的付出，TA 不懂珍惜 / 127

2. 你的执著总是会被轻易辜负 / 130

3. 好的爱情，不是一个人的妥协 / 132

4. 为爱牺牲自我，一点都不高尚 / 135

5. 永远都不要以爱的名义互相折磨 / 138

6. "我是为你好"——让对方疏远你的最好借口 / 140

7. 爱可以没条件，但一定要有原则 / 143

8. 越是委屈自己，对方越不在意 / 145

9. 在放手与原谅间设定一个界限 / 148

10. 要像爱对方一样爱自己 / 152

第七章　拒绝为难你的人，别让不好意思害了你 / 155

1. 你有没有拒绝别人之后，感觉很内疚 / 157
2. 太好说话的人，多半没有好下场 / 160
3. 取悦于人的隐藏代价 / 162
4. 不懂拒绝，事情多到做不完 / 165
5. 令你为难的事，越早拒绝越好 / 168
6. 勇于对职场性骚扰说"不" / 171
7. 朋友借钱，这个可以"拒绝" / 174
8. 从此，别再用"应该"和"必须"强求自己 / 177
9. 内心强大，才能勇敢拒绝 / 179

第八章　做个有棱角的人，让个性保护你的本真 / 183

1. 害怕面对冲突的好好先生 / 185
2. 不做职场当中唯唯诺诺的"yes man" / 187
3. 一个敢于表达自己的人，更能获得尊重 / 190
4. 说点实话和狠话，给人醍醐灌顶之感 / 192
5. 理直气壮地坚守原则 / 195
6. 还是不要做"太听话"的乖孩子 / 198
7. 做人还是要有一点锋芒 / 201
8. 做一回"恶"人也无妨 / 203
9. 保持本色，不让这个世界轻易改变你 / 206

第九章　表达仁慈，慢一点 / 209

1. 盲目的仁慈，会招致祸害 / 211
2. 你的爱心被别人的道德观绑架了吗 / 214
3. 胡乱许愿承诺，好心不得好报 / 216
4. 好话背后也许藏着巨大的"阴谋" / 219
5. 最高贵的施舍，是给对方尊严 / 222
6. 避免好心被当成驴肝肺 / 224
7. 警惕第一次见面就很亲昵的人 / 227
8. 别人的甜言蜜语，也许另有所图 / 230
9. "热心"过度，好心办坏事 / 233

第十章　善良的人要为自己而活 / 237

1. 讨好别人不如取悦自己 / 239
2. 不必总是活在别人的眼光里 / 241
3. 不必逞强，你没那么坚强 / 244
4. 要照顾别人，先把自己照顾好 / 246
5. 为别人着想，也要为自己考虑 / 249
6. 不做违背自己内心的选择 / 251
7. 一生太短，你可以为自己做一回主 / 254
8. 别人的意见要听，但不要让人代替你做抉择 / 256
9. 你的问题是：太早放弃自己的人生 / 259
10. 放下一切，放肆地为自己活一回 / 261

第一章

你总是心太软，所有委屈都自己扛

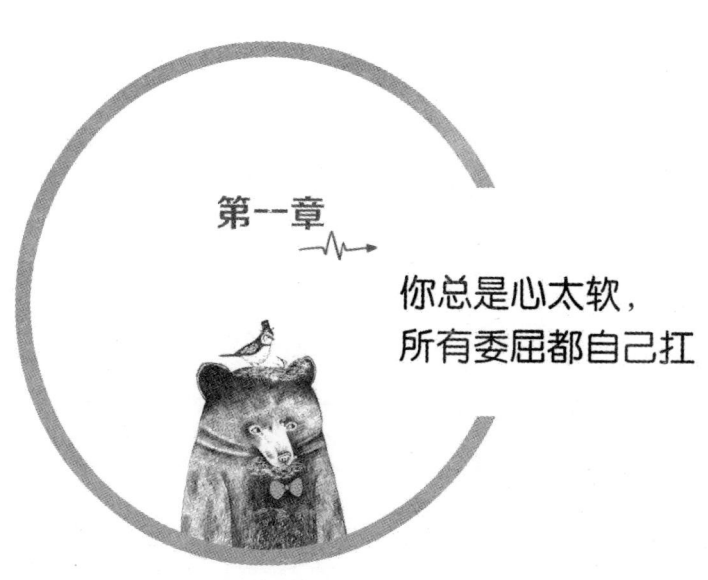

1. "好人综合征"是一种病,得治

2001年,美国作家布莱柯的新书《讨好的毛病:治疗讨好他人的综合征》一经问世,立马成了图书出版行业的一匹黑马,并一度成为大家讨论的焦点。布莱柯所说的"讨好他人"综合征,就是我们现在所说的"好人综合征"。

"好人综合征"又称"讨好他人"综合征,指那些对别人特别友好、特别好说话、想方设法帮助别人、毫不利己专门利人,并以此为荣的一类人。他们期望以此获得别人的好感,他们也的确被认为"好相处""善良"。但他们无条件地满足别人,压抑自己的需求,导致自己的幸福感下降。从这个角度来说,过分讨好别人是一种不健康的心理,或者说是一种病。

祁同是出了名的大好人,对于别人的请求,他从来都是来者不拒。

他的朋友张伟最近失业了,打电话给他,说要到他家喝酒。他本来要加班到晚上九点,但不好意思拒绝张伟,所以请了假专程回来陪他。

祁同点了外卖,陪他从中午喝到晚上,听他不断唠叨遭遇的各种职场"不公"。晚上10点,张伟又提议说去大排档,祁同也不好说拒绝,就陪着去了。

大排档回来12点了，张伟又拉着祁同在客厅里抽烟，搞得满屋子烟味。祁同的妻子有点忍无可忍，小声提醒他们该休息了。祁同这才安排张伟洗漱、睡觉，最后自己回屋睡觉。

第二天早上，张伟吃完祁同买来的早餐就跑屋里玩电脑去了。祁同的妻子面露不快，祁同有点无奈地说："他现在没有工作，想在咱们家待一段时间，我不好拒绝。"

可是，张伟一住就是大半个月。好不容易张伟的爸爸给他在家里找了新工作，祁同的妻子以为事情终于完了，但是谁知道，他一放假就来吃喝玩乐，祁同也不好意思说什么拒绝的话，搞得自己的日子过得乱七八糟。

"当好人"并不是好人一个人的事，往往会弄得身边的人也很困扰，甚至让他们有跟着遭罪的感觉。心理学家指出，一个人要保持心理的健康，有合乎常理的行为，就必须保持与人相处的"界线"。这个"界线"的作用在于帮助你判断和决定谁可以接纳，接纳到什么程度。换句话说，就是为谁可以付出什么，付出到什么样的程度。

如果没有"界线"，只是不顾一切地埋头做好人好事，毫不利己专门为人，那就等于以牺牲自己为代价去迎合别人。有人说这不过是一个人选择的与别人的相处方式，但是，这样的行为已经导致一个人的正常生活逻辑发生变异，正常的关于"好人"的教育，并不是这样子的。

专门诊治"好人综合征"的格勒弗医生指出，几乎所有的"好人"都有这样的想法：我把缺点藏起来，变成别人希望我该有的样子，这样大家都会喜欢我，都会尊重我。这样，我的生命就有了意义，我的存在也就有了价值。但是，这样的感觉不过是取决于别人的看法，实际上个人内心并不会感觉到幸福。

那么患了"好人综合征"的人应该如何做才能摆脱自己的困境呢？

第一，是否要帮忙前，看看对方值不值得帮。

如果对方真的有难，不管是对朋友、亲戚甚至是陌生人，我们都要伸出自己的援手。但如果对方只是看我们善良、好欺负，那么我们便没有帮忙的必要。仅仅因为对方一句微不足道的夸赞便去竭力付出，这样的"好人"是廉价的。

像那种什么都喜欢麻烦别人的人，他们往往不懂得感恩，在需要别人的时候异常热心，不需要的时候形同陌路，这样的人明摆着只想占便宜，我们没有必要为了讨好他们委屈了自己。

第二，选择事情来帮。

事情分轻重缓急，要知道很多事情并不是离了我们就不行的。如果同事家里出了什么急事，比如生病住院、买房这样的事需要帮助，一定要努力去帮。但如果对方是一个好赌成性，看我们好说话便过来借钱这样的事，即便有再多的钱，也不能去帮，否则一旦有了开始，就会被对方吃定咬死。

第三，看自己情况量力而为。

帮人要有自己的限度，不能什么事情都随口应承，超出自己能力范围之外的一定要拒绝。否则勉强去做一件事情，不但不会赢来别人尊重，还会吃力不讨好。有人在自己文章中写道：一个完全不懂得拒绝的人，是不可能赢得真正尊重的。

勃朗宁夫人在她著名的长诗中写道："愿仁慈的上帝宽恕一切好人。"这个"宽恕"用得确实很是恰当。做一个"好人"

可以，但千万不要患了"好人综合征"而不自知，没有原则的付出，再可怜不过了。

2. 委屈自己成全别人，是一种不公平的善良

如果你凡事习惯只为别人考虑，常常忽略自己，日子久了，别人也会顺理成章地忽视你的付出，将你对他们的好，视为理所当然。

在生活中，很多人之所以这么无私，不惜委屈自己成全别人，就是为了事成之后别人的一句肯定和赞美。那些随便发好人牌的人是出于什么心理，我们不多做评价，但一味地将好人牌收归囊中就是自己的错。

电影《有一种爱叫作放手》讲述了一个唯美的爱情故事。男主人公阿木是个流浪歌手，在他收到唱片公司的邀请，终于一炮而红的时候，却抛弃了艰难时期一直不离不弃的女友，原因是女友因意外双腿瘫痪。

本是一个负心人的故事，但男主人公的悲伤将故事推向了高潮。因为男主角至死没说出他身患绝症的事实——有一种爱，它的名字叫作"放手"！

被误解的男主角被朋友们殴打在雨地里，他看着女友终于离去，他的心中是欣慰还是痛彻心扉的难过，没有人知道。

成全别人，有时候意味着委屈自己。《家有儿女》是我们每个人童年的回忆，里面有这么一段剧情让人啼笑皆非。

主人公对面新搬来了一户人家，这家人每天十几趟地跑过

来借东借西，到最后，厨房里的漏勺都被扫荡走了。煮熟的饺子都来不及捞出来，晚上就改成吃片儿汤了，那叫一个郁闷。可下回人家上门的时候，一个"不"字都到嘴边了，还是碍于面子说不出来，最后只能用"赠人玫瑰，手有余香"来安慰自己。

故事虽然搞笑，但却在嬉笑怒骂中剥离出值得反思的道理来。

委屈自己成全别人，并不是一种公平的善良，我们只想对身边的人好一点，但我们的做法却常常被别人视为傻子。所以，做不到的事情就去拒绝，不喜欢的话就当没听见。开心时就笑，难过时就哭，委曲求全不一定会获得什么回报。

读凌力的《少年天子》，是在一年前了，对于清朝的那段历史，从来都是走马观花、一扫而过。但那个女人出现时，心肠倏然变得柔软起来，所有的心思牵绊在她一人身上。

她，董鄂妃，一个美丽与善良并存、才情与体贴兼具的女子。那个女人将自己的悲伤小心翼翼地捂起来，不让自己的任何情绪干扰到别人。她考虑到了每一个人，却偏偏忽视了她自己。

孝庄皇太后患病的时候，这个单薄的女子，守在太后身边，七天七夜不曾合眼。处处难为她的皇后生病，她又是五日五夜不眠不休。她为与自己作对的康妃求情，用自己的血肉之躯保住了康妃一命。

世界上没有什么比亲人离去更让人悲痛的了。父兄双双离世，为了不让皇上、太后挂念心疼，这个女人将所有委屈藏在自己心里。在偌大一个后宫，她纵然失去了一切，好歹还有聪明可爱的四阿哥是她的依靠和支撑。然而，最终连这点小小的支撑都成了奢求。

后宫是女人的天下，女人存在的地方是非往往也多，尤其是汇集了全天下最优秀女子的地方。她的儿子，活泼可爱的小阿哥，竟被人设计染上了天花，那么聪明可爱的孩子，集父母美貌智慧并存的小孩子，就这样离开了人世。

她痛啊，痛得无法呼吸，痛得快要活不下去了。后宫所有人都认为她要悲伤地站不起来了，可是第二天她出现在众人面前时，一如既往地如水般清浅，没有一丝一毫悲伤泄露。她所有的坚强只是为了让皇上、太后不要太过伤心。然而，在无人的后花园，她哭得跌跌撞撞，只觉得自己已经无法活下去，觉得自己五脏六腑都在出血。

她的付出已经感动了所有人，但是这位贤德的皇贵妃，在面对被废的皇后，却宁愿终身为妃。"只要陛下江山稳固，社稷安定，满蒙汉万民一体，妾妃愿以侧妃了此终身……"

她用实际行动深切诠释了"美好"二字。她的一生都在成全别人，也在委屈自己。连老天都看不下去，早早收回了她年轻的生命。或许她真的只是来报恩的，将自己的一切奉献给这位少年天子，然后转身而去。

"今日儿殁，自是天命，万望皇上自尊自爱，以祖宗大业为重，以社稷万民为重，不必伤悼。"一生为妃，她成全了皇后，成全了清朝天下；幼子离世，她不追究，成全了康妃；临终遗嘱，她成全了少年皇帝。她的一生，一直在成全别人，委屈自己。

这个女人离世后，皇太后泣不成声，福临为她出家为僧，举国为她哀悼,她被追封为孝献庄和至德宣仁温慧端静皇后。

成全和委屈,多么悲伤的两个词啊。优雅大方地成全别人,自己却在漆黑无助的夜里默默垂泪舔舐伤口。成全别人,委屈自己不失为一种善良,但是一定要有度。这是对别人负责,更是对自己负责。

3. 妥协得越多,失去得就越多

吉姆梅尔提出:"最高明的处世术不是妥协,而是适应。"有的时候,我们退缩得越多,留给我们的空间就越少,我们越卑微,一些幸福的东西就会走得越来越远。所以,在很多事情上,该坚持的就要去坚持,该争取的就要去争取,一味地妥协容忍,底线只会一次次被践踏。

一个总是妥协的人,他们注定是平庸的,这样的人生注定是黯淡无光的。而敢于坚守自我的人,他们的人生是光彩夺目的。纵然可能遭遇很多不为人知的苦难,但他们的人生方向始终是清晰的,他们活得更加明确,也活得更加洒脱。

董明珠是格力集团的原董事长,1990年,董明珠加入格力做了一名基层销售员,不到两年,她的销售额占了整个公司的八分之一,她为公司的业务牺牲掉了自己大半的时间和利益。

董明珠的人生绝不是一帆风顺的,初入销售行业便遇到了业内的不正之风,很多人在这股不正之风的影响下,无底线地服务客户,失去了自己的原则。董明珠说:"这就是一个选择的时刻。在这样一个大环境下,有的人选择了随波逐流,而我们一定要坚守自我，用自己的方式去创造营业额。"

董明珠表示，根据自己的能力制定自己的目标，制定了目标以后，就要坚决地去完成。纵然有人会质疑、会猜测，但请不要妥协，继续努力用最终的结果告诉大家：你没有错。

所以，尽管市场走向变幻莫测，格力集团几经波折，身为领导人的董明珠也承受了很多压力。但是这位女性无论何时都会坚守自己，坚持让自己做正确的事。

不久前，董明珠亮相《我是创始人》节目，将她的心得体会分享给大家，受到了很多人的欢迎。

《哈姆雷特》中有一个著名的问句："活着还是死去？"到这里也同样适用：妥协还是坚守？我们的答案决定了我们漫长而短暂的一生。要知道的是，无论是妥协还是坚守，都是需要付出代价的，只不过我们需要选择的是承担哪一种代价。

钱真真是名牌大学的毕业生，她和老公谈恋爱的时候，一起去见了婆婆，婆婆给她的印象很好，对她嘘寒问暖，让她真切体会到了家的感觉。或许她原来只有七分爱老公，但那个家庭又给她增加了三分的好感。

于是二人没多久就结婚了，不久，钱真真迎来了第一个孩子。宝宝出生后，她便想着重新规划自己的生活。

钱真真喜欢喝咖啡，夕阳西照的黄昏下，翻一卷书，静静地品一杯咖啡是她最大的向往，她幼时的梦想便是拥有一家属于自己的咖啡店。不为了赚多少钱，只为了待在里面的惬意和舒适。

但当她提出开咖啡店这一要求的时候，婆婆几乎是尖着嗓子拒绝了："你的工作那么稳定，去开什么咖啡店？而且你孩子都出生了,你哪有精力去开咖啡店?"看着变得尖锐的婆婆,钱真真开始反思,觉得是不是自己做得太过分了?于是,思考良久,她妥协了。

钱真真工作本就努力,所以毕业后她有了几万的积蓄,婆婆便怂恿着她将这笔钱拿出来去付首付,但是房产证上要写公公和婆婆的名字。当时的钱真真就像被踩住了尾巴,"为什么我拿钱出来,上面要写你们的名字?"婆婆静静地看着她,就像看一个外人。

"什么你们、我们的,我们的还不是你的?写我们的名字不过是踏实点,已经到现在了,难道你还想着离婚吗?而且,你出的这笔首付,以后我会还给你。"婆婆的态度让钱真真觉得,或许真的错在自己身上。只要是为这个家好,说什么你的我的?于是她又妥协了。

钱真真交了首付之后,接下来便是每月无休止地还房贷,婆婆说的什么还首付的事情,更是再没有提起过。有一次她实在忍不住抱怨,为什么她累死累活地还房贷,房产证上居然没有她的名字。谁知道下班后,婆婆竟然把门锁了,她连进家门的资格都没有。

妥协有利有弊,它可以使你变得更加合群,让你能够更好地融入自己生存的环境,使你不会太过孤立无援。但是妥协的坏处也是显而易见的,妥协是一种自我放逐,是一种对自我的否定。自我被否定多了,时间久了,它就不存在了。

敢于坚守的人生,无论如何都是光彩夺目的。而永远妥协的人,只会沦为古斯塔夫·勒庞笔下的乌合之众,永远失去了自己的精彩。

4. 做人要厚道，但是不能太软弱

俗话说："柿子捡软的捏。"人们发火撒气，推卸责任找替罪羊，也往往找那些软弱善良的人，因为大家都清楚，这样做不会导致什么值得忧虑的后果。

对于那些常常受到欺负的人，往往是因为自己软弱或办事能力差所致。要改变这种被人欺负的现状，必须要变得强硬起来，与欺负自己的人相抗争，除此之外还要提高自己的办事能力。

刘向阳是福建某市郊的菜农，常常开着一个破三轮车把自家的菜拿到集市上去卖。但是有一个泼皮无赖去买他的菜，除了不给钱，最后还说他的菜缺斤少两，要求赔偿他的"损失"。

刘向阳也不愿意和这样的人计较，只好把刚刚卖菜赚的50元都给了他。然而，刘向阳这种生性宽厚老实、逆来顺受的性格，让无赖更加有恃无恐。他又逼刘向阳晚上请他吃饭，他只好又忍气吞声，抱着破财消灾的心理，没有报警。

但无赖见刘向阳这样软弱好欺，就更加得寸进尺。某天深夜，无赖又向刘向阳勒索走了300元钱，并且还要他在第二天上午12点前准备2000元给他，否则要用炸药炸死他全家。

无奈之下，刘向阳终于选择了报警。

有些人认为"吃亏是福"，觉得吃点小亏没什么，经常用"阿Q精神"来安慰自己。但是，在竞争日趋激烈的今天，如果我们以一个"弱者"的姿态出现在社会这个舞台上，不但不会引起别人的同情,反而还会使得某些不怀好意的人在我们头上踩上一脚。

人的劣根性往往是哪里有便宜就到哪里去,谁好欺负就欺负谁。太老实的人反而经常成为别人拿捏的"软柿子"。所以,我们主张,做人应该有点锋芒,也许不必像刺猬那样浑身带刺,但至少也要有保护自己的利器。

张阳谨是某出版社的职员,由于自己是从外地应聘来的,所以在工作中他处处小心、事事谨慎。对每位同事都毕恭毕敬,偶尔与同事发生点小摩擦,他也从不据理力争,只是默默走开。

大家都认为他太老实、太窝囊,从不把他当回事,以至于他在许多事情上吃了不少亏。想起两年来同事们对他的态度,尤其在奖金分配上自己老是吃亏,张阳谨心里觉得很委屈。残酷的现实使他不得不对自己的为人处世进行反思。

有一天,办公室的一位同事擅离职守丢了东西。这位同事嫁祸于张阳谨,说是他代自己值的班。

主任在会上通报这件事时,张阳谨站了起来,他说:"主任,今天的事你可以调查,查一查值班表。今天根本不是我的班,怎么能怪罪到我头上。有人别有用心想让我替他顶罪,这黑锅我不背。并且,我要告诉大家,大家在一起共事是一种缘分,我实在是不想和同事们争来争去。以后,谁要再像以前那样待我,对不起,我这里就不客气了。"

经过这件事,张阳谨发现同事们对他的态度有了明显转变。他也抬头挺胸起来,不再扮演一个被人欺负的老实人角色。

做人要厚道,但是不能太软弱。必要的时候要强硬一点,才不至于处处受人欺负。下面这些策略,可以帮助你变得有底气、有原则，进而赢得别人的尊重。

策略一：斩钉截铁地说话。

有时候你的软弱甚至会引得服务员、陌生人、出租车司机等对你蛮横无理。对于那些有意欺负你的人，要克服内心的胆怯，用斩钉截铁的语气回复对方，让对方知道你的态度。记住：千里之行始于足下，你必须勇敢地迈出对抗这第一步。

当你有了态度，如果再遇到让你讨厌的、欺负你的人，你就可以冷静地指责他的行为。你可以斩钉截铁地说："你刚刚打断了我的话。""你那样做严重伤害了我。"诸如此类声明是非常有效的方式。而且你表现得越平静，对那些试探你是否能欺负的人越是直言不讳，越能树立你强大的形象。

策略二：不再说那些容易招致别人欺负你的话。

"我是无所谓的""我可没那个能耐""我从来不懂那些财务方面的事"诸如此类的推托之辞，就像是为其他人利用你的弱点开了许可证。当你从小贩手里购买烟酒，如果你告诉他你对烟酒一窍不通，那你就是在暗示他可以放心给你假货，而你根本不知情。

策略三：不要对自己所采取的果断态度感到内疚。

比如，有人请你去给他的孩子当家教，但你的确有别的事，毕竟家教不是你的职业，你有拒绝的权利。但对方开始苦苦哀求，并许诺给你开工资，这时候你会不会有点内疚？尤其是过去你曾经接受过他的帮助，这时你更加不知道应该如何去应对。所以，这种时候，要保持立场，站稳脚跟。

策略四：尽可能多地用行动而不是用言辞做出反应。

如果是本该属于别人的事，却让你做，你通常的反应就是抱怨几句然后自己去做，结果你就会沦为一个吃力不讨好的人。如果对方忘记了一次，你就提醒他一次。如果他置之不理，就给他一个期限。如果他无视这一期限，那你就直接行动做出相应的惩罚。一次教训，会比千言万语更能让他明白你所说的"职责"的意思。

策略五：拒绝去做你最厌恶的，也未必是你的职责的事。

太多人总是一边抱怨一边努力做事，为什么不拒绝去做你厌恶的事呢？如果一味地听命于人，迁就他人，委屈自己，就会没有主见，失去自我。这样的人虽然甘居人下，却也得不到别人的欢迎；有些人即使事业有成，也终会被小人暗算。

5. 对伤害过你的人，你有权选择不原谅

三毛在《亲爱的三毛》中说道："原谅他人的错误，不一定全是美德。"在这个世界上，伤害分好多种，对于那些无心之错、一时糊涂犯下的错，我们可以原谅。但是对于那些存心要我们受伤的，故意对我们进行伤害的，我们有权选择不原谅。

在生活中有的人总是会受伤，因为他们的原谅总是那么容易，总是那样没有原则。别人明明是存心伤害，故意挑衅，他们却大度地表现出"我不与你计较""我原谅你了"的态度。然而别人非但不会为此感恩，只会对这样的轻易原谅表示鄙夷，并且在下一次选择继续伤害。

三年前，贵港市中级人民法院对民警开枪射杀孕妇一案公开审理。被告人胡平涉嫌故意杀人被提起公诉。胡平当庭提出

向受害人及家属道歉，家属拒绝接受，并提出索赔123万余元。

受害人的不原谅所有人都能接受，并且认为他们的做法是正确的。事情的经过是这样的：

2015年10月28日，胡平在办理完案件之后，随同其他民警一同喝酒，几人喝得醉醺醺。途经受害人所经营的小店，下车买奶茶，当得知奶茶卖完后，胡平竟然掏出手枪朝天花板开了一枪，接着向老板夫妇连开三枪。

老板右肩受了轻伤，老板娘却再也醒不过来了，和她一同离世的，还有她肚中已经成形的五个月大的婴儿，真的是一尸两命。

一年后，案件开庭，胡平向受害人家属道歉被拒，这样的结局，是一定的！

受害人一家本是一个完整的家庭，他们开着小店，过着自己的生活。日子有滋有味，谁知平地生风波，被这一番醉酒搞得家破人亡。

所以，不是所有的伤害，都是可以被原谅的。涉及原则问题的原谅，就成了软弱可欺。

2016年12月，奶奶亲手杀死亲生孙女的事件一经曝光，就引起了一阵轰动。

自二胎政策放开后，张奶奶终于可以实现抱孙子的梦了。在她的多次鼓动下，儿媳终于答应再生一胎。然而让张奶奶失望的是，她抱孙子的梦落空了，生下来的又是一个孙女。在她眼里，孙女都是赔钱货。

于是当天晚上，她悄悄地将婴儿床上的小孙女抱至地下室楼梯转角，用脚在婴儿头上及多个地方进行踩踏，终于将其杀害,然后将孩子扔在纸盒内离开了现场。

这一事件曝光之后,不少人感慨人性的泯灭。对于亲孙女都能这般狠下杀手,她还有什么不能做的。

事后,她的儿子儿媳选择了原谅,张奶奶被判十年有期徒刑。这一场原谅来得如此轻易,以至于很多网友表示不满。在人情上,张奶奶虽然被原谅了,在法律上,她也获得了从宽的处理。然而在道德上,她将永远受到谴责。

这样类似的事情简直不胜枚举,我们来到这个世界,并不是来受伤害的。父母给了我们生命,并不希望我们受到任何人的伤害。爱我们的人不舍得我们受伤害,伤害我们的一定不值得我们去爱。所以,为了爱我们的人去生活,为了我们自己去生活。

原谅那些存心伤害你的人,就相当于给了他们再次伤害你的机会。所以在伤害面前,我们有权选择不原谅,只要自己开心就好。毕竟不原谅是我们的权利,让自己活得好,是我们的义务。

6. 别把所有问题都自己扛

"作为一个30岁的女人,没有一分钱存款,哥哥结婚的房子首付是我出的,还贷款的也是我,连生孩子的钱都是我出的。"这是《欢乐颂》中樊胜美说出的很让人心疼的一句话。

2016年4月电视剧《欢乐颂》一经播出,便疯狂地席卷各大卫视。据说每一个人都能在里面找到自己性格的一面。

欢乐颂"五美"每一个人，都是性格鲜明的，五个女孩中最让人心疼的是樊胜美。

这是一个什么样的女人呢？或许用"矛盾"两个字来形容会更加合适。

她住着欢乐颂五楼最廉价的房子，却要追求纸醉金迷的生活，她人生最高的目标是找个有钱的男人将自己嫁了，于是她挖空心思去跻身富人的圈子。她追求物质，是典型的物质女，然而她物质得让人讨厌不起来。

直到后来，随着剧情的逐步发展，樊胜美的家庭一步步走向观众的视线，继而，所有人都明白了，原来她养成那样的性格是有原因的。

父亲重病，妈妈没有能力赚钱，哥哥不成器，没日没夜地向家里要钱。还有一个外甥需要她养，在这样的家庭，换作我们任何一个人，都没有把握能做得比她更好。

樊胜美，以她瘦弱的肩膀，扛起了本不该她扛的一切。

故事的最后，原本深爱她的王柏川离她而去。繁华的上海城，陪伴她的只有孤寂。

把所有问题都自己扛，去承担自己承担不了的，往往会让自己心力交瘁，从而丢掉一些原本拥有的。据研究表明：总把所有问题都自己扛，可能会让人扛出癌症来。

据资料显示，那些选择独自承担，感情不外露的人患癌症的概率要比那些性格开朗的人高出十五倍。所以，不要总是将所有问题留给自己，让自己去承担原本承担不起的一切，这样会把人压垮。

林之平是一个很实在的人，励志上进，踏实肯干。去年的时候和谈了七年的女朋友结婚,按揭买了房子,日子过得蜜里调油,让人好生羡慕。

然而,他却和同事说:"日子过不下去了,媳妇闹着要离婚,家里每天闹事,最近连工作都感觉力不从心。"

八月十五过中秋,他和老婆回家探亲,谁知道那天一家一家的债主举着欠条上门来要债。这个欠了五千,那个借了八千,他目瞪口呆地看着这一家一家的要账人,不明白怎么会成了这样。

直到那天晚上,姐姐偷偷摸了回来,黄色头发上粘着几根杂草,裤子黑漆漆一片。那时他才知道,姐姐竟不知什么时候染上了赌博,至少欠了别人十几万。

姐姐声声泪下,求妈妈借三五万给她,她老公要和她离婚。这婚,她说什么也不能离。

看着母亲含着泪的目光,他将口袋里的银行卡拿了出来,里面是这个月要还的房贷和一些存款,他知道老婆很不满意,却也无能为力。而且他知道,母亲肯定会去帮姐姐借钱,借下的那些钱一定会落到他的肩膀上。

小林看着同事,向来意气风发的脸上带着些许苍白:"你知道吗?我结婚买房付首付,没让家里拿一分钱,已经很对不起我老婆了,现在又这样,她要和我离婚,我能理解。"

纵然是有压力才会产生动力,但要懂得压力不能过大,否则会压垮自己。所以,不要将所有的包袱都背在自己身上,学会去丢掉一些东西。我们该如何做,来缓解压力呢?

首先,将重要的事情做好。学着去区分事情的轻重缓急。

当很多事情一块到来的时候,先去处理最重要的事情,将它解决完了,再集中力量攻克剩下的。尽量避免眉毛胡子一把抓，这样往往会得不偿失。

其次，学会接受自己，看清楚自己内心到底想要什么。对于真正想要的，那就竭力去争取；对于一些可有可无的，学着去舍弃。要知道，鱼和熊掌不可兼得，到最后"贪多必失"。

第三，运用恰当的方式，将自己所承担的压力适时释放出去。

尽量让自己有放松和休息的时间，给自己一些时间放空自己，多和亲戚朋友进行沟通。当被压力压得喘不过气来的时候，记得要寻求专门人士的帮助。

一切的一切，都只源于一颗善良的心。但其实，走累了，回过头来看看自己，是不是已经疲惫不堪。在人生的道路上，不要只顾及别人，也要时刻照顾好自己。毕竟，能陪我们走到最后的，只有自己。

7. 这个世界从不缺善良，缺的是原则

善良，是这个世界上最美好、最高贵的品德。善良是需要智慧的，没有智慧的盲目善良，是一种失败的给予。这样的善良只会成为自己的枷锁。久而久之，原本纯洁美好的善良会被戾气侵蚀，失去它原本真正美好的样子。

在日常生活里，如果有人常常以善良为借口，肆意对我们的好心剥削利用，要记得及时收回我们的善良。对这些人讲善良，只会让我们的善良变得很廉价。对于我们来说，有原则地选择拒绝，丢掉一些东西，才是真正高明的生活智慧。

《欢乐颂》的热播，让我们看遍了人生百态。里面性格迥

异的五个女孩也成为我们茶余饭后谈论的话题。

关雎尔，便是那个善良到没有原则的女孩。"关关雎鸠，在河之洲"，她的名字起源于最古老的《诗经》，或许是因为她的出身，或许是因为她的家庭，她被教育得实在太有教养了，几乎从来不会对别人说"不"。在她的潜意识里，只有乖乖听从别人的话才正确，只有服从他人，才会得到别人的赞许，才会被表扬。

其中有这样一个片段，同事以"生病"的名义请她处理剩下的工作，最后由她签名确认。结果同事做的那一部分出了错，经理劈头盖脸骂的是她，同事不曾站出来也就罢了，连一句安慰的话都没有。

这个时候我们就意识到了，没有原则的善良是多么可悲，别人表面上说你多么多么好，背地里不知偷偷骂了你多少次傻子。

做个有原则的善良人，不要完全地牺牲自己去成全他人，有原则的善良不应该辜负善良的真谛。若是善良一再被践踏，那么受伤害的一定是自己。

每一份善良的背后，毫无保留地付出只会被人当作理所当然，得不到更多的感激。一旦停止付出，反而会被反咬一口。

有这么一个故事，是说有个老人去买面包，老人衣衫褴褛，颤颤巍巍，伸着粗糙的手将买面包的钱一遍遍数清楚递给老板。老板顿生恻隐之心，知道这样的人还有很多。为了保全他们的尊严，他想出了一个办法，每天发放代金券，让他们免费到店内领取蛋糕。

渐渐地，这位店主开始为残疾人、低收入的家庭也发放优惠券。这样的消息不胫而走，镇上的很多穷人都来他的面包店，领取优惠券换取免费的面包。店主统计了一下,他每个月需要送出三千个白面包,两千多个黑麦面包。

有时候面包很快领完了,来迟的人因为愤怒在门口破口大骂,还有一次面包车坏在了路上,那些领面包的人竟然将他的大门砸得破烂不堪。

古道热肠总是好的,但我们的善良一定要有自己的底线。

那么,我们该如何让善良带有它的原则呢?

首先,让善良带上智慧。善良并不是盲目的,并不是对谁都要善良,有的时候我们的善良换来的很可能是恩将仇报。善良是一种关于大爱的智慧,所以我们一定要具备明辨是非的能力。

亚马逊的创始人杰夫·贝佐斯在一次演讲中提到:"聪明是一种天赋,善良是一种选择。"他告诉台下的听众,在很小的时候他爷爷就告诉他:"善良要比聪明难得多。"做一个具备智慧的人,用智慧武装善良,这样才能让善更善,让恶远离。

其次,将善良留给善待我们的人。很多书里面会一味地告诉我们:人一定要善良,要学会换位思考,要时时刻刻理解别人。但是,面对别人一而再、再而三的伤害,为什么我们还要一味地去理解别人,我们在别人那里受到了严重的创伤,为什么一定要逼着自己去原谅?

有句话是这样说的:"你没有能力时,应该只对善待自己的人善良。"我们可以真心实意地爱人,但却不能怜惜像狼一样的恶人。

在这个世界上,善良是很简单的,任何一个人都可以选择善良。但是一定要让善良带上它的原则,否则只会得不偿失。

8. 这个世界比你想象得残酷

对于这个世界，有的人想得很单纯，觉得自己用心待别人，便能获得同样的对待。然而渐渐地，我们会发现，可能我们倾尽了所有，他们依旧觉得不知足，只想索取更多。

《命中注定我爱你》里面的女主人公就是一个"便利贴"女孩。就是有人需要她时，撕下来就能用，不需要的时候，随手乱扔也无所谓。她从来不会拒绝别人的要求，只要是她能帮忙的就一定会去帮。她从帮别人买咖啡到带早餐，从帮人完成工作到自己默默加班。

她的付出和善良并没有收获其他同事的感激，反而让她成了办公室谁都可以呼来喝去的跑腿小妹，理所当然的，办公室所有的琐事杂事都成了她的事情，本来和她无关的工作也成了她的分内事。

并不是所有的善良都能得到好的结局。若是失去原则，你的善良将遭遇别人的得寸进尺。别人非但不会感激，反而会更加蹬鼻子上脸。对人对事要保持底线，要有自己的原则。

祈奶奶最近很头疼，她是一个很善良的人，最近却被邻居搞得烦不胜烦。她一个人住在农村，家门口弄了一个小菜园，里面种着西红柿、白菜、豆角之类的，都长得很好，她从不去市场买菜，这些东西完全自给自足，吃着还放心。

隔壁肖奶奶家庭状况不是太好，祈奶奶便将自家菜园子的菜给隔壁肖奶奶送一些，谁知道一旦开始送，这就停不下来了。

肖奶奶一开始会过来要一些，日子久了，竟然直接自己就去地里采，连说也不说一声。直到后来，更是直接把祁奶奶的菜园当成了自家的菜园子，让她儿媳带着孙子来摘。

祁奶奶脾气好，想着邻里邻居不用一般见识，也就一直没有说什么。但是令祁奶奶没有想到的是，前几天她腿疼得不能走路，菜园子有一段时间没有打理。肖奶奶就找上门来，怒气冲冲地问："是不是因为我摘了你的菜，所以你就不管理菜园子了？"甚至逢人便说，说祁奶奶人多么多么小气，连一点蔬菜瓜果都要计较。

这个世界，很多事情并没有你想象得那么简单，并不是你以诚待人，便一定能换来别人的诚心。如果事事都太宽容大度，只会换来别人的变本加厉。

那些喜欢欺凌别人的人，往往有这样的观念：

（1）认为物竞天择，适者生存。在他们眼里，强权是一种普遍的社会现象。越凶越不会受到别人的欺负。他们从不考虑别人的感受，他们往往认为自己的性格会更占优势。

（2）认为暴力是最简单快捷的手段，被欺负了一定要还回去，不然就是比别人弱，不能忍受自己被欺负。

（3）认为只有通过暴力强权，才可以让其他人服从甚至顺从自己。

对于这些人，他们很少会被别人的善良打动，在他们眼里只有软硬之分。面对这样的情况，我们应该要做的是：由弱变强，让对方忌惮我们的实力，不敢造次。如果不想被别人欺负，就一定要调整自己的状态和实力，让对方知道尽管他们强，但我们也不怕他们。

一般欺负人会分为两种情况，第一种是开玩笑戏耍，这种情况比较常见。身边的一些朋友开一些无伤大雅的玩笑，因为我们自己嘴笨，不知道该如何应对，就会让自己处于尴尬的境地。对于这一种情况，是比较好应付的，试着学习提升自己的幽默感和语言反击能力。

第二种情况是真正的人善被人欺，对方有意针对，这样的情况要不就远离他们，要不就坚决地捍卫自己权益。我们要学会明确自己的底线，一味地退让，只会让他们肆无忌惮。

没有原则的善良，往往是廉价的善良。只有坚守自己的底线，懂得自重然后才能收获别人的尊重。

9. 连命运都不同情弱者

命运是什么？命是弱者的借口，运是强者的谦虚。

"命运"有很多种解读，有从生物科学角度解读的，有从宗教神学方面解读的，有从术数玄学视角论证的。但可以明确的是：没有谁敢确定关乎"命运"一词最正确的说法。

同样，"弱者"是什么？或者说，什么是弱者？

有从所拥有的财富值来解读的，有从对社会所做贡献值解读的，也有从简单的武力对比解读的。然而亦未有谁定义：弱者就是这样的。

有一天早上，方新可送女儿去学琴，途经菜市场，路边一群人在围观什么。走近后才发现，原来是一群小鸡雏。生在农村，方新可对家禽并不陌生，可她从没见过这样小且毛色如此纯粹的小鸡雏。这小鸡雏很漂亮，女儿更是喜欢，就买了两只回去，后来一查，才知道是山鸡。

女儿当时乐不可支，信誓旦旦地说："一定会好好养它！"中午女儿放学回来，连忙把盒子端到客厅中间，两只手支着小脸，眼睛瞅着小鸡雏出神。一会儿，她像是烦了，就把盒子放了回去。可不一会儿，她又拿出盒子来看，看着看着又放了回去。如此反复折腾，方新可看不惯了："你这是折磨，小东西会死的。"

女儿却说："我这是在和它玩呢！"就这样，她一会儿喂水，一会儿喂食，一会儿拿出来，一会儿放进去，可怜那幼嫩的小生命，就这样被不停地折腾着。到了晚上，女儿对方新可说："妈妈，你来看看，有只小鸡站不稳了？"到了第二天早上，方新可还在床上，就听到女儿的叫声："妈妈，妈妈，小鸡死了一只！"接着，女儿哭出了声。

其实，在买它们回来的时候，方新可就预感到了它们的命运，但她还是买了。没有呵护好小生命，反倒间接成了刽子手，她也很愧疚，可这并不能改变结果。她想：这就是弱者的命运，自己无从选择，只能任人摆布。对于弱者，反抗不了，就得学会适应，然后学会生存。否则，就像这死去的小山鸡，最多只能赚到几滴眼泪。

小山鸡无疑是脆弱的，不能适应小姑娘所营造的环境，也无法与之相对抗，徒然丢了性命。也许，这并不怪它，生命本质的差距，让它只能接受小姑娘带给它的命运。它也曾抗争过，以"站不稳"来表示它的抗议，但没用，死亡依旧夺走了它。同样是抗争，而屠格涅夫笔下的麻雀母亲却不然。

"风猛烈地吹动着林荫路上的白桦树,一只嘴边还带黄色、头上生着柔毛的小麻雀,它从巢里跌落下来,呆呆地伏在地上,孤苦无援地张开两只刚刚长出羽毛的小翅膀。猎狗慢慢地逼近它。忽然,从树上扑下一只黑胸脯的老麻雀,像一颗石子似地落在狗的面前。

它全身倒竖着羽毛,惊惶万状,发出绝望、凄惨的叫声,两次扑向大张着嘴露出牙齿的狗前面。它以自己的躯体掩护着自己的幼儿……可是,由于恐惧,它整个小小的躯体都在颤抖。与它弱小的身体相比,狗是个多么庞大的怪物啊!然而,它还是不愿站定在自己高高的、安全的树枝上……

一种比它的意志更强大的力量,使它从那儿扑下身来。猎狗站住了,向后退下来……看来,猎狗也承认了这种力量。最终,猎狗主人唤走了爱犬。"

同样的鸟类,面临同样远超想象的敌人,结果却是截然不同,难免让人感叹:生命有时候的确存在一些戏剧化的景象。一条猎狗之于老麻雀,对比一个小女孩儿之于小山鸡,武力值的差距并无太大不同,都是那么不可战胜。猎狗的爱心比之小女孩儿,也并不见得多。女儿身后的母亲对比猎狗主人,两者心中的柔软也并非不同。但最后,小山鸡死亡,而麻雀母亲得以保全自己的孩子。

什么是命运?你所能改变的和不能改变的,你所能选择的和你无法选择的都是命运。就像那春后的芽儿总会发绿,高山的流水必定往低,无法被阻挡,也不为谁停滞。

著名的无骨者伊瓦尔(Ivar the Boneless),9 世纪闻名于世的维京人的首领,是著名丹麦维京海盗首领朗纳尔·洛德布罗克的第四子。天生残缺，双腿患有先天性成骨不全症状，俗称脆骨症。这样一个先天残废，连自主行走都做不到的废物，却出生在了令人闻风丧胆的维京海盗部落，他无疑是毫无社会价值的。然而，又有谁能想到，这个先天残废的人在865年秋，率维京雄狮入侵英格兰报得父仇？

命运从不同情弱者，它就像自然里的风，顺势而走，只为阻拦它的东西而改变，却从不为顺从它的东西而停留。流动是命运的本质，顺从是弱者的本质，两者相辅相成。所以，命运从不同情弱者。

第二章

什么都忍,不是善良是懦弱

1. 廉价的宽容会变成纵容

一个人，若宽容到近乎软弱，很容易遭到轻视和欺侮，勇敢的人不容易被拖累，是因为他们懂得适时拒绝。独立的人，往往都会有自己的天地。只有历尽世事，才会明白，远处是风景，近处的才是人生。我们眼前拥有的，才是真正应该珍惜的，我们不应该被廉价的宽容所绑架而屡屡退让。

给犯错的人一次机会是宽容，但是，每个人都要为自己的行为做出相应的承担。当同样的错误一而再、再而三地犯出来时，我们若是依旧选择宽容，这样的宽容，便叫作纵容。

无限制的宽容，只会让那些犯错误的人感觉不到自己的错误。宽容针对的应该是那些知错就改、无意犯错的人，对于那些屡次犯错的人，绝不能心软。

有很多人将宽容和软弱结合在了一起，认为宽容即是软弱。其实不然，一次又一次毫无底线的宽容才是软弱。

当初《回家的诱惑》在湖南卫视热播，林品如一出现，便是贤妻良母的形象，但她的角色却丝毫不讨喜。因为她太过软弱，老公做什么她都不会反对，所以这样一味地宽容便成了纵容。她的老公非但没有一点感激的意思，反而变本加厉。

当林品如被推到河里，处于生死边界的时候，或许她终于懂了，无论对于谁，都不能一味地宽容。

以前听过这么一个故事，有个老人在自己杂货店里抓了一个贼。当时，这个贼战战兢兢，哆哆嗦嗦。原来这个贼是附近中学的一个学生，或许是第一次偷盗，小孩吓得脸都白了。小孩连声哀求老人不要告诉学校，学校一旦知道，他一定会被开除。

于是，老人心软了，只是简单教训了几句，便把孩子给放了。但是没过多久，他又抓住了这个孩子。

这个孩子摸准了老人的心理，他故伎重演，老人心一软，又把他放了。不知过了多少年，一天老人正要关门时，店内进来一个脸上有伤疤的大汉。他连刺老人几刀，一把火将老人的杂货店给烧了。

弥留之际，老人问他："为什么？"大汉说："你还记得多年前你放的那个小孩吗？就是因为你的屡次宽恕，我才觉得原来偷盗被抓住其实并没有什么，只要我对别人装装可怜也就行了。现如今，我已经犯下了无数的罪行，每一条罪行都是万劫不复，再也回不去了。所以，是你害我的，你也要付出同样的代价。"

熊熊大火烧毁了老人苦心经营的一切，同时也带走了老人的生命。当年他一次又一次的纵容，导致那个孩子走上了万劫不复的道路。不知当火舌一点一点将他吞噬的时候，他可否感到后悔。

老人无限制的宽容，让孩子意识不到自己的过错，他的宽容已经在不知不觉中成了纵容。所以宽容应该建立在一定的原则上，不能毫无底线。

"宽容"和"纵容"，虽然只是一字之差，但失之毫厘，差之千里。宽容别人可以让我们消解自己内心的痛苦，接受别人的宽容可以让我们反省自我。但若是宽容触犯了原则，那我们也许就变成了帮凶。

在生活中，面对朋友，我们的宽容会使友谊更加稳固。但若是对方一再触碰我们的底线，侵犯我们的人格，这样的原谅，只会让对方觉得我们懦弱、好欺负。纵然对方是我们最好的朋友，也一定要讲原则、有底线，这样的友谊才会地久天长。在爱情中，也同样应该是这样，面对伤害自己的人，一次两次的宽容是可以的，但若是对方完全不顾及我们的感受，将我们的宽容当成了懦弱，那么所谓的宽容，便再无意义可言。

所以，对于那些曾经"得罪"我们的人，报之以真诚的微笑，愉快地打个招呼。对那些因为某种矛盾失去联系的朋友，简短的一句问候，说声抱歉，过往的干戈一笑而过。

对于那些不断伤害、不断欺负我们的人，就不要再选择原谅了，让对方知道，我们的宽容是有限度、有原则的，而绝非是没有底线的。

2. 你忍气吞声，换来尊重了吗

在我们生活中，经常会遇到这么一些人，他们是"老好人"。无论别人怎么对待他们，都只会唯唯诺诺，竭力奉迎，从来不敢真正表达自己的不满。他们以为只要自己把别人的事尽心办好，就会赢得别人的尊重。

然而心理专家认为，一个人如果不能合理地表达自己的感受，无论任何事都选择竭力隐忍，那么他非但得不到良好的人际关系，反而会让人觉得你没有底线，得不到别人的尊重，从而受到更多人的指责。

心理咨询师指出，情绪是要适时表现出来的，适时让别人知道你的想法，这样才不会习惯性地忽视你的存在，才会尊重你的意见。

乔天刚入职场，便被公司的老人们指示着端茶倒水，打扫卫生。偶然替同事取了个快递，从此取快递、拿外卖的任务也都落在了他的身上。

乔天一直以"新人都是这样"来进行自我安慰。但是同事们对他没有感激不说，反而越来越变本加厉。

经理接待了一个英国商人，谈了一段时间后觉得在他们身上的突破口不大，便把他们丢给乔天，嘱咐乔天应付应付把人送走就可以了。乔天接手之后，尽心尽力地接待，或许是他的态度打动了英国商人，英国商人说只要他们把报价拉低一点，他们就可以接受。他兴冲冲地去找经理，经理说接下来他来谈。然而后来他才知道，经理和英国商人签订了一笔大的单子，里面却没有他任何的功劳。

忍气吞声可能会换来一时的平静，但是这样只会将愤怒积压在你的内心。这种情绪经久不发泄，只会越来越多地影响你的心理健康。

瑞典斯德哥尔摩大学心理学研究小组用了三年时间，在专业医疗机构中选出2800名男性，对他们展开跟踪调查。在研究期间，研究人员用问卷形式了解了受访者在工作中遇到不公正待遇后的反应，是针锋相对、默默承受还是回家大发脾气。

这些受访者原本心脏都没有大的毛病，然而直到几年后，受访者中51人患上心脏病或因心脏病去世。后来广播公司报道，经过研究发现，选择自己承受与针锋相对的人相比，心脏病发病率高出一倍。

一些职场老人说，忍气吞声是"怂"的体现。的确是这样的，总有些人是欺软怕硬的，有的时候你忍让过度，同事们和老板便会认为你太过软弱，从而对你呼来喝去。越是忍让，越容易被人欺负。

左祈和老公结婚三年，第三年的时候他们将公公婆婆接了过来。

公公婆婆一到，各种问题就来了。她每天忙着上班，下了班还要给二老做饭，稍微偷一下懒，婆婆就当着她的面说："现在的年轻人，活儿干得不多，饭吃得不少。我做媳妇时，说话做事都看老人眼色，哪像现在的媳妇儿……"

左祈知道她在指桑骂槐，却只能隐忍不发。谁知道这般隐忍不发反而助长了婆婆嚣张的气焰。

她怀孕第五个月时，正值腊月，有几天她特别不舒服，婆婆却说她得的是懒病，让她多走动。说完竟然搬出一盆衣服让她洗，她说用洗衣机洗，婆婆说洗不干净，让她搬着衣服去卫生间活动。半个小时以后，她出了一身冷汗，站起来时，衣服湿了一片。被送到医院，第一个孩子就此失去了。

不要一遇到不顺心的事便将委屈憋在自己心里，要不动声色地抗争。如果遭遇了同事领导的压榨，又不想把局势搞僵，可以选择以温和的方式将自己的想法告诉对方。如果一次没有取得效果，那就两次三次，几番下来，他们的态度一定会有所收敛。

对于那些心存不满的现象，我们应该怎样来表达自己的看法呢?

首先,要保持头脑冷静,有理有力地指出对方的错误。不要去高声吵闹,那只会让事情变得更糟。

其次,不要过多地去指责对方,要多讲讲自己的感受,通过情绪传递法,让对方站在你的角度去考虑问题。

最后,无论什么时候,有一说一,不要在生气的时候牵扯出以前的矛盾冲突,这只会让事情变得更糟。

你若是一味忍让,在别人眼里,意味着软弱可欺,意味着丧失原则。适时地挺身而起、奋力反抗,效果或许会更好。

鲁迅先生有一句话说:"以无赖的手段对付无赖,以流氓的手段对付流氓。"所以当别人三番五次地麻烦你,觉得什么都是你应该做的时候;当别人一再地挑战你底线的时候,勇敢地说"不",坦诚地表达自己的诉求,反而会逐渐赢得别人的尊重。

3. 吞下那些脏话,你的内心会"消化不良"

曾经微博上有一条消息很火,大体是这样的:"每次被人骂,总是等到晚上回家躺在床上才能想到应该如何回骂。"被人骂后如何反击是一门学问,我们若是对于别人的攻击全盘接受,将所有的不满愤怒吞到自己肚子里,我们的内心一定会是"消化不良"的状态。

所以,为了不让我们内心负担太重,我们要学会巧妙地进行反击,没必要接受的那就不接受。

丹麦知名童话家安徒生生活简朴,他常常戴一顶破帽子在街上闲逛，有一次，他遇到了一个富翁。富翁有意取笑他，开口便问："你脑袋上那个玩意儿是个什么东西，算是顶帽子吗？"安徒生马上回了一句："你帽子底下的玩意儿是个什么东西，是个脑袋吗？"

安徒生模仿富翁的说话方式，不过是改了几个字词，便辛辣地讽刺了对方一番。富翁没想到，自己本来想嘲笑别人，结果反而被别人嘲笑了一番。

在我们生活中，经常会猝不及防地遇到许多攻击，在遇到这些攻击的时候，我们要学会适时地去反击。一个擅长表达自己情绪的人，传递出来的往往会是积极的内容。而那些习惯忍气吞声的人，内心一定充满了诸多不满与消极。

心理学理论中有一种效应叫"滑坡效应"，指的是一旦开始便难以阻止或驾驭的一系列事件或过程，通常会导致更糟糕、更困难的结果。人们在无法自知的情况下会越来越过分。所以，一味地忍让换来的往往不是尊重，而是不断降低的底线。

有个掌柜喜欢捉弄人，常常以捉弄别人作为自己的乐趣。一天早上，他在门口吸烟，看见一个大爷骑着毛驴经过，于是他扯着嗓子喊："喂，抽袋烟再走吧！"大爷从驴背上跳下来，说："多谢掌柜的，我刚抽过了。"这位掌柜哈哈大笑："谁问你了，我问的是毛驴。"大爷一愣，转过身子，他朝着毛驴脸上扇了两巴掌，大声道："出门时候我还问你有没有朋友，你说没有，这人要不是你朋友亲戚，怎么会请你抽烟呢。"然后，大爷又对着驴屁股抽了两鞭子："看你以后还敢不敢胡说。"说罢，翻身上驴，扬长而去。掌柜本来要嘲笑人，没想到反而被嘲笑得下不了台。

在日常生活中，和别人出现言语上的摩擦是在所难免的。

我们没必要事事计较。但对于那些故意恶语中伤的行为，一定要给予反击。这样不但可以起到惩罚对方的作用，还可以有效地保护自己，使自己免受侵害。

面对突如其来的不友好，若是决定迎击，该如何做出有力的回击呢？

首先，要做到巧妙应对。

不管对方出什么样的难题，我们都可以一一化解，巧妙应对。如诸葛亮的"舌战群儒"，让自己酣畅淋漓，让对方无话可说。这种火力对火力的交锋，往往需要反击者具备极为优秀的语言能力。

其次，要做到抓住重点。

当你被攻击得毫无招架之力的时候，我们可以留神他们话语中的漏洞，只要抓住一点，就可以将它放大，让他们无法再充分展开其他的话题。

第三，学会后发制人。

当对方咄咄逼人的时候，我们以守为攻，"他强由他强"。我们要采取守势，等站稳脚跟，再趁机寻找对方的弱点，然后发起致命一击，让他们的咄咄逼人至此收声。

第四，学着将球踢回去。

当对方的逼问我们无法回答，无论是肯定还是否定都会出错的时候，我们可以试着将球踢回去，采用反问的办法，让对方哑口无言，然后达成自己的目的。

在一则童话中，国王问聪明的小女孩："大家都说你很聪明，你若告诉我天上有多少颗星星，我便承认你聪明。"小女孩说："你若能告诉我你头上有多少根头发，我便告诉你天上有多少颗星星。"面对这种问题不要直面迎接,以反问的方式问回去,让对方自食其果。

第五,学会打擦边球,学会"胡搅蛮缠"。

很多明星都会被追问自己的隐私问题,对于这些问题她们不想回答,但也避不开。比如有个记者问某个当红女星:"现在谁在追你?"女星想了想说:"时间在追我啊。"

面对心存恶意的人,面对那些突如其来的不友好,我们一定不能退缩,要学会去反击,一味忍气吞声并不能换来我们想要的东西。

4. 总有人把你的迁就和忍让当成无能来践踏

密歇根大学公共政策学院的一名教授——罗伯特·艾克斯罗德(Robert Axelrod),曾在学生沙龙上做过一个关于"合作演化"的著名实验,实验的结果颇具戏剧性:和人相处中,虽然要与人为善,却不能做一个烂好人。教授告诉我们,要去做一个"有原则的好人",毫无原则的好人一定会被欺负,还有可能会带坏社会风气。

在我们的生活和工作中,总会遇到一些无事生非、欺软怕硬的人。对于这些人,如果我们过于忍让迁就,他们就会得寸进尺。很多人根据自己的切身经验得出一个结论:"过度的忍让是软弱,你越忍让,别人就越欺负你。"善良忍让本身不是过错,但是一定要有限度,不要让自己成为受他人摆布的羔羊。

莎士比亚在《哈姆雷特》中说道:"我必须残忍,才能善良。"这便告诉我们,为人处世一定要学着聪明一点,有限度有节制地表现自己的同情,这样才不会被人欺负。

成毅是一个上进的人,进入职场后很快适应了职场的生活。适应了以后便有很多的空闲时间,他便联系朋友找了一份关于设计的兼职工作。

自从开始接活以后,他浑身上下充满了干劲,一幅幅设计稿他都尽快完成,第一时间交给朋友。有的时候为了完成任务常常加班加点,甚至在周末坐一两个小时的地铁和朋友商量设计稿的事情。

然而,四个月过去了,设计费的结算成了他的一块心病。本来说好的是一个月结一次的,结果四个月成毅都没拿到一分的酬劳。在第一个月的时候,成毅还可以说,没事,等你忙完再结,不着急。结果等来的是,设计继续做,设计费迟迟不结。

朋友对于薪资的说法,从过一段时间变成了对方集团给了一张空头支票,总是一拖再拖。但成毅依旧选择相信,毕竟是朋友,什么事情都要留有余地。

谁知道接下来,公司换了业务员,朋友居然开始彻底玩失踪。成毅终于忍不住,警告对方要付诸法律程序来解决此事,对方才很不情愿地支付了酬劳,从此以后,两人形同陌路。

人总是自私的,如果你一味付出自己的真心,而他们不给予回应,久而久之,你的付出便成了理所当然,会被视为廉价。所以,一定要有原则,有了原则才会为人所尊重。

那么,在日常生活中,我们应该怎样做一个有原则、有底线的人呢?

首先,为人处世不要损害自己的基本利益。用罗斯福的话来说，就是这些基本利益指的是生存、安全以及追求幸福的利益。侵害自己的利益去帮助别人，不但得不偿失，次数多了，别人只会将你的帮助视为理所当然。

其次，不要以帮助别人为目的去损害第三方的利益。就是你要帮助一个人，不要去侵害另一个人的利益。就好比你要去帮助一个贫穷的人，不要去抢劫别人的钱做资本去救助他。

第三，进退要有节。在不损害别人利益的前提下，表达自己的诉求，为自己争取正当的利益。要记住，不侵害别人利益，为自己争取利益，这才是符合社会行为规范的。

所以，我们可以去做一个好人，尽情地去实现自己的价值，尽情地去展现自己的古道热肠。但是帮别人一定要控制在自己能力范围之内，要记住帮别人是自己的好心，是情义使然，不是义务。别人的请求也没那么金贵，该拒绝的时候要理直气壮地拒绝。

对于外人，不要一味地点头哈腰，轻易使自己的立场动摇，打乱自己原本的计划。也不要一味地忍气吞声，处处以人为先。只要觉得自己不亏欠于人，就应该理直气壮地坚定自己的立场。应该用坚定的立场直面自己的人生，不要一味地成全别人委屈自己。

5. 过度宽容等于自虐

宽容是人性的一种光芒，它渐渐成为世界和谐的主旋律，但过度的宽容却不值得崇尚。1949年，胡适在北大开学典礼上指出："善未易明，理未易察。"聪明人是明理的，聪明人应该知道无论什么都不应该过度，对别人过于宽容，过于善良，完全丧失了自己的底线，那就是一种自虐。

我们常常听到"老实人容易被人欺负"的说法，这常常会让我们有一种无可奈何的感慨：难道老实善良的人就注定要被人欺负吗？现实告诉我们，善良的人对待其他善良的人，得到的也是善良，这无可非议。但是如果对待穷凶极恶、不知悔改的人还是一味的宽容善良，就必定会被那些凶恶之人欺负。

贾南风是历史上声名最不好的皇后之一，她杀人剖腹，淫乱后宫，坏事做尽。皇帝要废除她的时候，杨皇后却自告奋勇跑出来为贾南风说好话，结果贾南风性命无忧，天下却自此大乱。最后杨皇后本人也因她被囚禁饿死，三族并夷。

古禅宗说，懂得宽容是一种智慧，我们的宽容只能给那些懂得感恩、知恩图报的人。如果有人无视我们的存在，整日里想方设法想从我们这里获得什么，将我们的亲情、友情和人格进行玷污，那便及时收起我们的宽容大度吧。对这些人的宽容，只会失去宽容真正的意义。

王琼刚出来工作的时候，和一个女同学合租。合租的那个女孩是个富家女，娇生惯养的，据说在家连被子都没叠过几次。王琼觉得既然大家住一块了，那自己多做一点也没什么关系。结果刷碗、打扫房间、刷马桶、交煤气水电费等统统都是王琼来做，那个女同学就好像住在宾馆一样。

有一次王琼生病，卧病在床一周，结果那个女同学就让垃圾堆了一周，屋子也不收拾。王琼爬起来将屋子收拾好，好不容易要休息一下，结果那个女同学从外面回来后不久，又将杯碗碟盘堆在水池里。

王琼大怒，和她发了火，结果这个女同学就到处和人宣扬王琼是有多么的不近人情，明明知道她什么都不会做，还不照顾着点，丢了一点垃圾就和她发火，最后弄得王琼里外不是人。

人的劣根性之一便是欺软怕硬，若是你一味选择退让，别人不但不会觉得你善良，反而会觉得你好欺负。所以，与人交往，要记住明确自己的原则，敢于说出自己的意见，虽然可能会产生不愉快，但只要我们足够真诚，总有一天会得到别人的认可。

要学着先小人后君子。自己不愿意承担的东西，不愿意接受的委屈，在一开始就要和对方说开，这样才能避免以后可能发生的一些矛盾。虽然有的话说出来不太好听，但可以让我们与他人的交往回归理性，消除两个人以后相处过程中可能出现的一些矛盾。

对于你发自内心不想去做、不想接受的东西，学着去拒绝。允许自己拒绝别人，也能接受别人对自己的拒绝，建立自己的处世原则。让自己的宽容带一点锋芒，让自己的底线高一些，这样才不至于纵容别人，让别人在你的世界肆无忌惮。

面对一些朋友，你的原谅会让友谊更加稳固。但若是这个朋友触碰到了你的底线，影响到了你的生活，你的原谅只会让对方觉得你好欺负。所以，纵然是面对最好的朋友也要讲原则，也要有分寸。这样做非但不会影响到你们之间的友谊，反而会让友谊更加真诚。

宽容是有必要的，但应该是有限度的。无限的宽容只会让有错的人感觉不到自己的过错，对方若是始终认为自己的行为没有错，你的宽容就变成了纵容。所以，无论何时，不要把别人给你的宽容当成是软弱，也不要在自己头上贴上蛮横无理的标签，做人要有自知之明。

6. 我不是没脾气，只是不轻易发脾气

相信很多人都认为保持善意是一种高贵的品质，但这种善意不是遇到什么事、什么人都选择隐忍不发、任人欺凌。真正的善意是有自己的观点、态度。面对那些超越了自己底线的行为，要懂得进行反抗。要明白好脾气，不代表没脾气。一个没脾气的人，只会被别人欺负得没有容身之地。

洪强刚来公司实习，大家便都明白，这个小伙子是个好说话的人。他每天第一个来公司，扫地、擦灰、浇花，将大家的暖壶一壶壶灌好水。中午的时候，他下楼给办公室所有人取快递，替其他同事复印资料。别人蒙头大睡，他一趟趟将自己累得满头大汗。他出门的时候，总会有人蹭他的车，尽管一个在城东，一个在城西，但他也总是绕远路送同事过去。

所有人都以为他是从不发火的，但是某个周一的早上，洪强因为堵车迟到了。到了办公室的时候，有人呵斥："赶紧去打热水，马上要开会，客户要过来，没有热水怎么招待？大家到现在都没有喝上热水呢，知道堵车不能早点出门啊？"

洪强放下手中的资料，他不急不缓地站起来，向着所有人说："我觉得大家相处得好，才处处为大家服务，平时我可以多做点，这没什么。但是不要把这些当成我的本职工作，我没有义务做这些。以后，你们需要我帮助可以提出来，如果我有能力帮的一定帮。不过，今天我没有时间去打热水，请口渴的自己去打吧，抱歉！"说完，他开始自己的工作了，留下目瞪

口呆的同事。

人都有惯性,什么东西习以为常了,便以为是理所当然的。他们忘记了你的付出,忘记了感恩,当意识到这一点的时候,要记得松松手,不要让别人将你的付出当成理所当然。

同时,也不要觉得哪个人脾气好就试图挑战别人的底线,有些人的底线虽然能一再降低,但并不意味着彻底消失。一旦触碰到了不可触碰的,迎来的将是狂风暴雨。

司敏讲了这么一个故事,说她24岁的时候,和她父亲一起去参加一个饭局,结果从来不发火的父亲当场甩手走人,那一幕像放电影一样深深地印在了她的脑海里。

她说,饭局上一个女人借着醉意,不停地奚落她。意思是她学历不高,家境一般,毕业了只能待在家等着嫁人。还说,谁家的儿子,虽然学历更不好,人也不怎么样,但人家家里有钱,你家姑娘应该早点嫁给那孩子。父亲当时脸色铁青,他放下酒杯对那女人说:"我家虽然没钱,但也不缺钱。我女儿很好,她会有自己的未来。今天出了这个门,我们就不是朋友了。"

然后父亲真的没有再理过那女人,虽然那女人多次道歉,说当时只是喝多了,但父亲自始至终都没有再和她有任何交集。

有的人在心里对"发脾气"有一种错觉,认为发脾气会得罪人,但是只要我们是对事不对人的,对方接受以后,彼此依旧会是朋友。不过发完脾气之后记得合理地"收"一下,大家出来工作都不容易。对方若是改正,记得表示真心地感谢,谢谢对方的理解与支持。

每个性格好的人,都或多或少会面临一些苦恼,不知道该如何解决生活中突如其来的恶意,那么面对这些可能到来的恶意，我们该怎么做呢？

首先，要把自己的不满说出来，让对方知道你在这件事上的感受。有委屈不要藏在心里。你不说出来，对方永远不知道自己错在哪里。

其次，理顺情绪再说话。在情绪激动时，肯定不能心平气和地说话，一定要等双方情绪稳定下来。若是想继续你们之间的关系，就过段时间再"算账"，心平气和地分析当时的感受。

第三，表达自己的愤怒不要失控。一时的情绪失控，会带给自己很大的困扰。失去理智的处理方法，最后一定会后悔。

一个善良的人若是被欺负到极致，他们便会反击，而往往是那种平时不显露自己情绪的人，一旦爆发就会一发不可收拾。

对于那些不懂感恩的人，我们没必要对他们一再忍让，好脾气用在他们身上没有什么价值。所谓的好脾气，所谓的善良，一定要因人而异。对于那些恶人，就不要浪费我们的善良了，毫无止境的善良，只会让他们愈发放肆，愈发地变本加厉。

7. 不要让自己的容忍变得一种懦弱

当初，一个这样的故事轰动全国，引起了国内外很多打工者的强烈反响。这个故事告诉我们，纵然是打工的人，也一定要有自己的尊严，在面对无法忍受的事情时，要记得奋起反抗，这样才能有效维护自己的尊严。

珠海市电子公司的工人们一直从前一天晚上加班到凌晨两点，好不容易得到10分钟休息的时间，韩国女老板走到车间看到工人们在休息,大怒让他们排队跪下。

工人们一个个下跪,只有一个人直直站着。这个人就是孙天帅。

女老板大怒,以不跪就开除进行要挟,孙天帅将胸卡往地上一扔:"开除也不跪,我是中国人。"说罢扬长而去。后来接受采访时孙天帅说:"我是一个中国人,有尊严,有人格,有国格,我当时只有一个念头,死也不能跪。"这位"不跪的中国人"一直被亿万同胞称道。后来,孙天帅被郑州大学破格录取,进入郑州大学公共管理学院学习。

鲁迅先生曾说:"不在沉默中爆发,就在沉默中灭亡。"在那个炮火连天的战争年代,我们的国家一直在容忍其他国家的侵略,但换来的并不是他们的适可而止,而是更加肆无忌惮的掠夺。血淋淋的历史告诉我们,只有不再过度地忍让下去,拼尽全力去反抗,才能够不被别人所欺负。

生活中的幸福和美好并不是用妥协换来的,我们越退缩,留给我们的空间越有限;我们表现得越卑微,一些美好的东西就会离我们越来越远。所以不要把自己摆得太低,属于我们自己的,努力去争取。在一些不知好歹的人面前,不要一味地去容忍,底线不是让别人来践踏的。挺直腰板往前走,世界给我们的回馈才会更多。

在和别人相处的时候,忍让是一种美德。在无关紧要的事情上可以不去计较,但在原则的问题上不能退让。一个不能坚持自己原则的人,他的尊严和价值已在不知不觉中消失得无影无踪。

所以,一件事情让你觉得愤怒,让你觉得不满的时候,要学会去合理地进行表达。一味地忍气吞声并不能解决问题,只会让情绪在心中慢慢腐朽,最终难过的还是自己。

当然在表达情绪的时候，也要注意一些问题。如果本来是对方的错误，我们表达过激，反而会让自己处于弱势。

就像2017年播出的电视剧《我的前半生》中，子君不知该如何面对小三。贺涵告诉她，理是站在你这边的，如果你情绪激动，得理不饶人反而会输了理，你就以受害者的姿态面对。于是，在那一场直面小三的战役中，子君大获全胜。话要好好说，才会有人听。不要因为自己站在有理的一方就大声呵斥，这样只会将事情变得更加糟糕。

每个人都有自己的底线和原则，我们虽然不愿意让别人触犯这一块东西，但也阻止不了别人的试探。所以，适时的情绪表达是了解彼此的过程中必然会出现的情绪交换。回避了它就是对人生的逃避，这意味着无法和自己的情绪做朋友。

不要以为自己忍气吞声了，就会拥有顺畅的人际关系，愤怒如果没有得以消解，就会以另一种方式作用于生活中。而且，多次的忍让只会让对方误解我们的底线，不断去侵蚀我们的利益，然后将我们视为无能之人。

真正智慧的人能够做到合理地表达自己的愤怒，同时也敢于去表达自己的愤怒。当我们能够坦然面对自己的情绪时，也能坦然面对其他人。

8. 远离那些不懂感恩的人

不懂感恩的人，心里面记得的永远是别人的拒绝，从来想不到别人的付出。他们有一个共同的特点，就是只知道索取，不知回报。一个不懂得感恩的人，心中格局往往很小，他们可以无限制地占用别人的资源，却承受不了别人哪怕一次的拒绝。

爱因斯坦曾说："凡在小事上对弄虚作假持轻率态度的人，在大事上也是不足信的。"那些不懂感恩的人，将别人对他们的照顾视为理所当然，他们对世界上任何人、任何事都会怨恨。对于这样的人，我们一定要尽快远离。

有句老话说"恩将仇报"，很多人总是记怨不记恩，别人对他千般万般好，他却从来不放在心上，一次做得不好就牢牢记住了。有这种想法的人，便是不知感恩的人，只希望别人付出，而且贪得无厌。

深圳歌手丛飞2006年离开了人世，十多年来他省吃俭用，花了300多万元，只为资助贫寒学子。然而，2005年他被检查出患有胃癌，不能再演出赚钱，他资助的那些大学生竟没有人去看他。记者采访一位受丛飞资助、大学毕业后留在深圳工作的人，问他能不能给丛飞一点帮助，得到的回答竟然是"我自己都不够用"。

丛飞住院的日子，他资助孩子们的家长来了，他本以为那些家长是来看他的，没想到他们怒气冲冲地在丛飞病床前质问，"为什么不给自己孩子寄生活费了？"、"为什么不继续资助自己的孩子了？"

身边有不懂感恩的人，我们就好像在负重前行，只有甩开这些包袱，才能轻装上阵。不要去在意别人的抹黑，快意人生才能收获更多。

从经济学的角度进行分析，对于那些忘恩负义人的投入，只能算作成本的沉没，你帮对方越多，沉没的成本越大。当你成本沉没越来越大的时候,做决断就更加艰难了。有的时候可能会想,已经付出这么多了,也不怕这一次,万一哪一天他想起我的好呢?其实说到底,很多时候也是自己的讨好心态在作祟。

懂得感恩并知恩图报的人,才是值得打交道的人。从某些方面来说,知恩图报其实是生活的大智慧,心存感恩的人,未来才能拥有更多的可能,才能收获更多的人生幸福。

李嘉诚当初创业的时候,曾经流落街头。一天,天正下着大雨,李嘉诚无处藏身,只好躲到一棵大树下。那棵大树正好临近一个学校,李嘉诚在树下冻得瑟瑟发抖,身上的衣服全淋湿了。他正不知道该怎么办,突然跑过来一个孩子,那个孩子将伞交给他说:"叔叔,你用我的伞。"

李嘉诚问:"那你怎么办?"孩子说:"我跑回学校就行了,下课了记得还我。"

李嘉诚没有料到,这伞一还就还了20年。

李嘉诚在学校一连几天没有见到那个孩子,只好离开了那里。后来李嘉诚有钱了,但他依旧嘱托人在找伞的主人。

懂得感恩的人,他的心是真诚的,品质是善良的,道德是高尚的,这样的人值得我们用心对待。

对于那些不懂得感恩的人,他们只懂得接受,不懂得珍惜,你的付出是毫无意义的。所以,对那些不懂感恩的人,及时远离才是正确的做法,能离他们多远便离他们多远。

第三章

我对你好，
不是让你得寸进尺

1. 为什么有时候付出太多却没有得到应有的回报

生活中常常有这样一些例子，家里兄妹几个，其中有一个人在中间付出得最多，得到的怨言却也最多；工作中，一些人总是无私奉献，却总被人压榨；朋友中，有人对朋友有求必应，但偶尔一次不能满足对方的要求，从此便落下了恶名；恋人中，有一方视对方为生命，无限付出，可对方觉得是天经地义。

付出一旦成了习惯，便成了义务，一旦停止了付出，便会变成那些不懂感恩的人口中的"恶人"。从心理学上来讲，任何人之间的交往都有功利、互换的原则，还有自我价值保护的原则。这三项原则，无论违背了哪一项，人际关系都不会好。所以，不要一直处在付出的状态，适时地进行示弱，适当地进行索取，这样大家才会更加平等。列夫·托尔斯泰写道："我们并不因为别人对我们的好而爱他们，而是因为自己对他们的好而爱他们。"

林一才生活在山西东南地区的一座小城里，在他小的时候，家族的生意做得风生水起，他的爸爸是个勤快好客又聪明的人。

林一才的父亲常去欧洲各地旅游，回来的时候总会带很多东西和家人分享。他总是那样和蔼可亲，被后辈们拉着去冒充自己的父亲开家长会，被老师痛批也不放在心上。他对家族的每个人都很好，全心全意付出着。家族里的其他人，整天什么都不做，却心安理得地享受着他们的股份分红。

然而，在林一才八岁的时候，家族生意因为经济纠纷，被一些人团团包围，父亲在人群的包围下，再没有走出来。

然而父亲走后，林一才并没有受到亲戚朋友的任何照顾。母亲一个人带着他，一带就是十几年。有人拿铁锤砸他们家的门，人群中看热闹的，有他的姑妈，还有他父亲曾经诚心诚意对待的那些朋友。

就像一开始提到的，人与人之间的交往有互换的原则，不能在任何时候都显示出自己强大到无所不能，要适当地去示弱。只有付出与得到之间是等价的，彼此的关系才能走得更加长远。

无论是爱情还是友情，如果你想要对方也同样重视这段关系，那么在你付出的同时，也要让对方不断地去投入。"富兰克林效应"被反复验证，这里面提到："曾经帮过你一次忙的人会比那些你帮助过的人更愿意再帮你一次。"换句话说，要让某个人去喜欢你，就要让他为你去付出。

一味地对别人付出，在付出中失去了自我，然后心意被人践踏，这是何必呢？若是让别人连付出的机会都没有，他们得到的太过轻易，又怎么会懂得珍惜？有时候我们的付出，虽然不要求对方给予相同的回报，但至少他们要懂得去领情，若是他们连情都不领，那就不要付出了。我们的付出，应该给懂得珍惜的人。

乔雨江从小便没有了父母，一直寄宿在舅舅家。她从小便懂得要对人好，她知道自己对别人的好有着讨好的成分。周围的人，她全力以赴地去帮助，有些东西，哪怕自己不吃也要先给别人。自己的钱不够花，宁愿不花，也要借给别人。她真诚地对每一个人好，但是别人并没有同样地对她，这让她感觉很苦恼。

所以，对人好，一定要把握好分寸，如果对方一味地接受你的付出，没有还的机会，你的付出就会让他背上沉重的心理负担。这样一来，对方就会想要逃避，这是人的一种自然反应。

世间的一切事情，都是一分为二的。如果你对人付出了太多，你付出的对象会领情，会珍惜，这自然是最好不过的。但若是你付出的对象已经习惯了你的付出，对你的付出从来都是接受得心安理得，这样的付出不值得。与其千方百计地去讨好别人，倒不如去关注自己，投在自己身上的目光多了，学会珍惜自己了，别人的视线也会渐渐被你吸引过来。

席慕蓉在《成长的痕迹》中这样写道："人的一生应该为自己而活，应该喜欢自己，也不要太在意别人怎么看我，或者别人怎么想我。"其实，别人如何衡量你也全在于你自己如何衡量自己。不要总是以别人为中心，不要以为付出全部就能讨别人欢心，试着将更多的目光投射在自己身上。

2. 别把我对你的付出，当成理所当然

雨果曾经说过："卑鄙小人总是忘恩负义，忘恩负义原本就是卑鄙的一部分。"人活一辈子，不要总是想着去照亮所有人，这不现实。并不是所有人都会领你的情，总会有那么一些人，将你的付出视为理所当然，把你无限制的付出，当成你为人的

低姿态，从而产生更多的要求。

子曰:"以德报怨，何以报德?"意思是你若以德来报怨，那用什么来报德呢?所以，对于不同的人，我们要区别对待，这样才能让不在乎我们的人懂得珍惜。

段琳夫妻当初起家的时候，还是20世纪90年代，他们选择下海经商。两个人在车站附近开了一家饭店，因为一手好厨艺，以及当时竞争压力小，人流量大，不过几年时间，便有了一笔积蓄。段琳夫妻俩合计了下，买了两套房，一套自己住，一套给孩子作婚房，也算正式安定下来了。

段琳实现了自己的目标，便帮自己的妹妹妹夫也开了一家餐馆。妹妹妹夫过来没有落脚的地方，段琳便把自己另一套房子免费给他们住，所有人都羡慕她妹妹有这一个好姐姐。

十年过去了，妹妹站稳了脚跟，但一直没有买房。段琳的儿子大学毕业，准备在北京买房，便想着卖了家里的一套房到北京给儿子付个首付。谁知道段琳刚一提出来，妹妹就怒火冲天说:"不能卖我家的房子。"妹夫更是气得直接从厨房拿了一把菜刀:"凭什么卖了我们家的房子，谁敢卖了我们家的房子，我就和谁拼命。"

段琳老公本就因为他们十年来不出一分租金而心生芥蒂，如今更是火上浇油，差点动手。就这样，原本的骨肉至亲，成了仇人。

那些不知道感恩为何物的人，那些享受别人的付出享受得心安理得的人，他们永远不会珍惜对自己好的人。李嘉诚曾经说过:"不懂感恩的人，再优秀也难成功。"在现实生活中，多少亲情、友情、爱情都败在了不懂感恩上，若是一方总是理所当然地享受另一方的付出，这段关系无疑不会走得长远。我们帮助一个人，心凉的并不是他们不回报，而是他们没有一颗感恩的心。

陈生和林邱恒是大学里的铁哥们，金钱上不分你我，毕业以后两个人依旧保持着很好的关系。陈生花钱喜欢大手大脚，透支信用卡那是家常便饭，每个月下旬便需要林邱恒金钱上的援助。林邱恒省吃俭用也会借钱给陈生，这样的状态一直维系了两年。

一次，林邱恒的母亲生病要做手术，他便将这两年所有攒下来的钱全部寄了回去。林邱恒想到陈生前两个月借的钱还没有还，虽然有些不好意思，但还是和他提了提，谁知道陈生黑着脸将钱送到后转身就走，还一脸鄙夷地说："不就是这点钱吗？什么时候欠你的了？就像我不还一样。"林邱恒听了很是伤心。

真正的情谊是需要礼尚往来的，你来我往感情才可以延续下去，若只是一味地由一方付出，这样的情谊怎么可能长久？对于那些一味索取、不懂感恩的人，我们要学会拒绝，拒绝他们的无理要求。只有让他们知道，我们的付出并不是廉价的，这样他们才会懂得去珍惜。

做一个懂得付出的人，不去争个谁长谁短，可以使我们的人际关系更加和睦。然而，世界上总会有那么一些人，他们心安理得地享受着我们的付出，将我们的付出视为天经地义。对于这些人，我们该当机立断，不管以前付出了多少，都要记得转身离开。

遇到那些不知好歹的人，我们不能太过客气，我们对人客气，对人礼貌，并不是说怕了谁，而是因为我们善良。我们并不欠别人什么，无需总是对别人毫无保留地付出。

3. 不要随便施舍你的同情

在大众的认知里，同情心是人类道德的体现，它是关怀、助人、道德等社会品格养成与社交技能组成的基本元素。所以普通大众总会将同情心作为道德和良知的表现。但人类的同情心也曾遭遇贬低，例如尼采曾说："同情心是奴隶的道德，是弱者的阴谋。"

当然，并不是说一个人不能有同情心，但对别人的同情一定要注意限度。为人处世，一定不要把世界设想得太过单纯无害，当你的好心太泛滥的时候，对方往往不会觉得你人好、老实，可以深交，甚至有些不怀好意的人一旦觉得你的好心可以被拿来利用，就会毫不留情毁之殆尽。

连忆是一个作家，有着不大不小的名气。有个姑娘在微博上给他发私信，说自己是他的读者，要到北京来看他。连忆很奇怪，这个姑娘他并不认识，但还是问她："你来北京是看亲戚还是玩？如果要玩注意安全。"

读者说是专门来看他的。连忆心中很是纳闷，只是礼貌地说了一声："如果我有时间，可以请你和你的朋友吃个饭，谢谢你对我作品的喜爱，我心领了。"

然而，一个星期后，那个读者再次发私信给他，说已经到了北京站，还说："你不是说要请我吃饭吗？"连忆想想，人家大老远来一趟也不容易，请吃饭就请吃饭吧。谁知道那个读者又说了，她只带了来的路费，连回去的路费都没有，问能不能住到他那里去？当时连忆真的想走人，但还是耐着性子给她找了住的旅馆。

回去后，姑娘又在微信上问他借两百块钱，说是要买特产。连忆问："你这两百块钱是算借的还是算要的？"读者说："你怎么理解怎么来。"连忆压抑了心头怒火，谁的钱都不是白来的，他不过是可怜她孤身一人前往北京，谁知道她一再向他索取。连忆给她转了两百块后，终于将她拉到了黑名单。

随着时代的变迁，同情并不是要我们和别人打成一片。看到别人缺吃少穿，我们便也不吃不喝，这样的同情是愚蠢的。真正的同情是，我们自己可以体会到自己的尊严，我们可以享受到文明的滋润、人性的美好，然后去鼓舞他们，使他们也解放意识、努力提升。盲目的同情只会招来自身的不幸，真正的同情是一种道德的升华。

《乌合之众》里有这么一句话："群体对强权俯首帖耳，却很少为仁慈心肠所动，他们认为那不过是软弱可欺的另一种形式。"欺软怕硬是社会的常态，"人善被人欺，马善被人骑"这不是空穴来风，都有它自身的道理。所以，我们对别人的同情，一定要有自己的原则。

同情心，需要把握住一个"度"，否则就无法体现一个人的修养。现实中有很多"弱者"需要人们可怜，但弱者也有弱者的尊严，不能因为他是弱者就想当然地认为他低贱，我们的同情心要建立在真诚的基础上。

做好自己的本职工作，不要太善良。对于别人主动寻求的帮忙，一次可以，两次也行，若是他们不懂感恩，不停地要求，直接拒绝也没有什么不可。有了一个不好的开端，别人只会更加地变本加厉，这样的次数多了，他们只会觉得你好欺负。在你为了别人的工作累得要死要活的时候，别人可能正喝着咖啡嘲笑你的无知。

不是所有的真心都能换来真心，不是你对别人好，别人就会对你好。首先让自己强大起来，然后再想着要不要去顾及别人。俗话说："泥菩萨过江，自身难保。"若是你都自顾不暇了，怎么能真正地帮助到其他人呢？

4. 只想让你付出的人，越早绝交越好

在工作和生活中，我们要对别人包容，但这并不意味着我们要不断忍受别人带来的麻烦，忍受别人的卑劣自私，忍受他们毫无止境地索取。有时候正是因为我们毫无底线地付出，才让他们敢无止境地伤害我们。"器满则倾，物极必反"，这是亘古不变的道理。我们对别人的付出也是一样，没有回报的付出，要懂得适可而止。

要明白，真正心疼我们的人不会舍得让我们受委屈，真正对我们好的人不会忍心让我们为难。我们将别人当朋友，付出了我们所能付出的一切，但他们总觉得不够，总想着在我们身上索取更多，这样的付出，就停止了吧。这样的朋友，就远离了吧。

李子琴是个很善良的人，大概是十多年前，她遇上一位贵

人,从此飞黄腾达。然而,她有个朋友,不知道是不是见不得她从天而降的"幸福",总是无休止地想去占她的便宜。见她有衣服很漂亮,就说:"你的衣服很漂亮啊,能不能帮我买一件?"然而买了以后,从来不会给钱。

朋友的母亲生病了,说医院没有熟人,让她先带母亲去看病,结果看病的钱就由她出了。很多人都在劝她,这样的事情不要再做了,这完全是亏本的买卖,她却想着已经做了这么多,不差这一两件,于是依旧付出着。

后来,她的儿子要开学,非要吵着让妈妈送,朋友却要她帮忙接母亲出院。她闹不过儿子送了他去学校,回来后却遭受了朋友莫大的指责,像是受了什么巨大的伤害,再不理她了。

人的欲望是无止境的,人的忍耐也是有限的。在人际交往中,我们不应该无休止地付出,当有一天我们付出不了了,或者不想做了,到时候,我们的付出只会是一场空。对于那些总是要我们付出的人,我们以自己的观念去分析他们的心理,肯定是想不通的,他们也不会意识到自己的问题,甚至从不会觉得自己有错。

对于那些一心只想让我们付出的人,越早离开越好,生活中没有了这些人,只会变得更加美好。真正在乎我们的人,不会让我们受伤。所以,当有一天我们真的遇到了以怨报德的情况,不要急着伤心难过,换个角度想想,这些人能离开我们的生活,何尝不是一件好事呢?

杨林是百货公司的线上销售,他在朋友圈发布了一个链接,上面是公司赠送水杯的活动。只要集够68个赞,就能免费获得公司的保暖水杯。消息一发出,大学舍友肖建便打来了电话,说是自己正好缺一个水杯，问他在公司上班，能不能寄一个水杯给他，集赞的活动就不参与了。

杨林一直是个好人，对于同学的请求一般都是来者不拒的。但是公司举办的活动和他自己是无关的，他没有权利直接送人水杯。他和肖建说明情况，没想到肖建当场就黑了脸，说还是大学同学呢，连个水杯都不送。杨林下班后，觉得自己是不是做的真的很过分，于是他便自己花钱买了一个寄给他。

然而几天后，杨林翻朋友圈，意外地发现肖建竟然在朋友圈抱怨说："想到大学同学一场，送个水杯质量都是这么差的，还好不是集 68 个赞得来的，不然都是欺骗朋友。"当时杨林一愣，转手就把肖建拉入了黑名单，以后再没有收到过他的消息。

那些永远只知道索取，不懂得付出的人，我们最好早早地远离。因为这些人，眼里看到的永远只有自己，他们不懂得珍惜自己的朋友，只会让友谊的路，走得越来越窄，最终只剩自己一人。或许到最后，他们还在感慨自己为什么没有朋友？同时，我们自己也要懂得回报，对于别人的付出，永远不要接受得理所当然。有借有还，情感才会来得更加长远。

5. 有时候退一步，不一定是"海阔天空"

古话说得好"退一步海阔天空""小不忍则乱大谋"，但是这个"退一步""忍让"是要有界限的。本来是别人的过错，本来应该是你争取的权益，你不去争取反而退了一步，这样只会让别人觉得你软弱可欺。

汤梅是一个温柔善良的女孩，她有个妹妹，性格和她完全不同。妹妹经常在家颐指气使，不是指使父母，就是安排汤梅做这做那。

每次汤梅想要发火，她父母都会拦着并告诉她："你是姐姐，要让着妹妹。"于是她就一次又一次地退让着。有一次她加完夜班回来，想要好好睡一觉，让妹妹出门的时候带上钥匙，妹妹大怒，大声指责："凭什么你在家都不能给我开门？我就不带！"然后摔门走了。汤梅好不容易睡着，妹妹回来了，在外面又喊又叫，见没人开门，就在外面又是踢门，又是嚷嚷，闹得周围邻居不得安生。

在生活中，有些人之所以敢这么肆无忌惮，无非因为知道结果，知道自己的行为一定会被宽恕，因此愈发没了限制。所以，生活并不是一味妥协的，你一味退让，并不一定能换来"海阔天空"。

无论什么时候，你给别人什么样的印象，别人就会用什么样的态度来对待你。有时候适当的强硬，会让你得到更好的待遇。要学会站在别人立场考虑问题的同时，也要坚守自己的原则。

斯迈尔斯有言："一个没有原则、没有意志的人，就像一艘没有舵和罗盘的船一般，它会随着风的变化而随时改变自己的方向。"

学会争取自己的利益，在适当的时候可以去警醒一下别人，在关键的时候要记得去回击。要告诉自己，忍让和退让可以表现出涵养，但对于那些惯性的、无赖性的侵犯，要记得警示对方，不要让你在对方心目中的形象总是软弱可欺的。即便有时候你知道，自己的反抗可能会力不从心，也可能会带来更大的回击，但也要坚强地去做，让那些人知道，该如何去尊重人。

于世辰刚进入职场，职场老人都告诉他一定要宽以待人，他将这一原则牢牢记在心里。然而，他没想到的是，他一味地忍让，那些同事便尽可能地将工作全部推给了他，并把本该属于世辰的功劳抢得干干净净。

他不敢过多地反抗什么，只好将各种压力默默承受。每天只在朋友圈默默地晒自己的工作照，经常工作到凌晨一两点，就好像是准点签到一般。

有一次他生病了，给领导打电话，没想到领导接起电话的反应是："世辰呀，你怎么生病了，那么多工作谁来做？"

于世辰第一次感到了心寒。再入职场，于世辰的工作渐渐顺手了一些，他不再对同事的请求全盘接受，而是开始学着拒绝。自己能力范围之内的去做，超出自己能力的就拒绝，慢慢终于在职场上有了自己的位置。

所以，有的时候，当你觉得没有必要去退让的时候，就不要再退让了，适时地进行反抗。当别人不顾你的难处，几次三番说出"给个面子"这样的话，不要去心软，你给了他们面子，谁来照顾你的情绪？虽然说"退一步海阔天空"，但是退让也一定要有限度，不能一味地宽容退让，这不仅是虐待了自己，更是让自己陷入两难。

宽容和忍让本身是没有错的，但是不应该将本应顺势而变的举动视为亘古不变，不能永远地以静态的角度看待问题。你秉持着"我不入地狱谁入地狱"的心态对待万事万物，在别人看来你也只是好说话而已。

对于有些人，退一步是海阔天空；但对于另一些人，退一步只会换来得寸进尺。任何东西都要有一个度，不要超过这个限度，无论是对谁，自己的忍让都不能失了限度。有的时候，你表现得越卑微，一些好的东西就会离你越远。在日常生活中，不要将自己的姿态摆得太低，属于自己的要积极去争取。

6. 两个人轮流付出，关系才可以持久

无论是爱情、友情还是亲情，一味地付出都是不可取的。父母对子女一味付出，子女便把父母的疼爱视为理所当然；婚姻中，有一方不考虑得失地一味付出，家庭应有的责任就会极度不平衡；友情中，如果对朋友一味地付出，对方便将你的付出视为理所应当。

无论是爱与被爱，收获和付出，都应该是平衡的。只有平衡了，双方的关系才能维系得更加持久。在《Give and Take》这本书中，作者将人分成三种类型：获取者、互利者、付出者。在这三种类型的人中，作者得出一个结论：在不同行业取得成绩的人中，付出者往往会更容易获得成功。但是这里的付出和传统意义上的付出不同，这里的付出是聪明地付出。

在美剧《幻世浮生》中，讲述了这么一个故事：

女主人公一直瞧不起普通的工薪阶层，她如愿以偿通过婚姻改变了自己的社会地位。她生了两个女儿，小女儿乖巧懂事，但她却更加喜欢大女儿，因为在她眼里，大儿女高贵无比。

她让大女儿接受精英教育，让她学钢琴，花大价钱为她找大师，以上流社会的方式教导自己的女儿。然而，她全部的付

出却无时无刻不在引起大女儿的反感。大女儿认为她是拿不出手的,只会丢自己的脸,尤其当她得知妹妹突发疾病,而母亲正和情人约会的时候,她对母亲的尊重彻底消失。

于是就这样,女主人公失去了事业,没有了小女儿,唯一的大女儿也离她远去。

父母疼爱子女,这个本无可厚非,但如果只是一味地付出,那就变了味道。过度地付出,会很容易养出"叛逆"的孩子。在孩子小时候,往往习惯对父母的观点全盘接受,他们并不是不愿意"付出",只是他们付出了,便无法成全父母,于是久而久之,他们便养成了不懂付出的习惯。

父母对子女的爱往往是无私的、不求回报的。但是,无论在哪里,有个公式都是成立的,那就是爱永远都等于付出加回报。爱是相互的,只有懂得爱别人才会得到真正的爱。只有懂得爱自己,才会真正地爱子女。

对于子女来说也是一样,只有爱父母才可以去享受父母的爱。要记住"每个人对你的好,都不是义务的,要珍惜每个对你好的人。"同时,在你爱别人的时候,也不要忘记索取,有的时候,索取本身也是一种爱。

过节的时候,全家人聚在一起。大姐说:"母亲操劳了一辈子,现在该轮到我们为母亲奉献了,我现在按揭买了一套别墅,等别墅拿下来,接母亲过去享清福。"母亲摇摇头,说:"我现在年纪大了,在自己家待着就好,还是不去你的房子里爬上爬下了。"

二姐说,她的驾照就要下来了,等驾照下来,立马买辆车,周末带母亲去兜风,找那些老朋友玩。母亲说:"我一闻到汽油味就晕,你自己玩,出去注意安全。"

一家人有点陷入沉默，一直吃饭默不作声的小妹忽然说话了，她说："我在外面吃的东西太多了，越来越想念家里你做的咸菜，妈你多做点，我走的时候多带一些。"

母亲的眼睛忽然就亮了，她笑着说："你走的时候买口大缸，要多少妈给你带多少。"

父母老了，他们的能力正渐渐丧失，他们会在心理上产生一种难过的感觉。做子女的，应该怀着感恩的心，在奉献的时候也要记得适当索取。比如说一罐咸菜，一双鞋垫。我们可能并不需要这些东西，但是我们表达出我们的需求，可以让父母觉得，虽然我们长大了，但还是离不开父母。

付出和索取之间是相互平衡的，不要一味地付出，这样会给别人造成压力；也不要反复索取，对方会心力交瘁。保持一个平衡的状态，该示弱的时候示弱，该坚强的时候坚强，这样的关系才能更加和谐，走得更加长远。

不要一味将自己塑造成一个无所不能的人，试着积极主动地去寻求帮助，适时地示弱。无所不能只会让别人习惯性地依赖，然后当他们需要偿还时，会渐渐地远离我们的世界。给彼此心灵的空间留有余地，在付出的同时给别人一个机会回报，当然在索取的时候，也不要忘了付出。

7. "跷跷板定律"，与人相处保持平衡最重要

我们每个人所做的任何一件事，都希望能够将利益达到最大化，人际交往也是一样。没有人愿意时时刻刻无偿地付出，

付出多了，心里面总会不平衡。著名的社会心理学家霍曼斯提出："人际交往在本质上是一个社会交换的过程，相互给予彼此需要的，这种交换叫作人际交往的互惠原则。"

人际交往的互惠原则是很重要的，无论是在工作还是生活中，"保持平衡"这一点都不容忽视。人与人之间的关系就像跷跷板，只有双方保持一定的平衡和对等，这样才可以和谐相处。一旦彼此的交换不对等，就会像跷跷板一样失去了它的平衡，这在心理学上被称为"跷跷板定律"。

王子洋性格开朗，为人处世大大咧咧。他从国内名牌大学毕业，毕业后又到国外深造，拿了研究生文凭，再加上是独生子女，为人处世总有一种优越感，久而久之，同事们对他的不满越来越多，"凭什么要让我给他去打饭""凭什么要我给他发传真""他要我给他取快递却从来不帮我取"。他总是心安理得地让别人帮他做事，却对别人的请求不管不顾。

他刚请同事帮他打印了很多东西，下班的时候同事加班，母亲到了北京西站顾不上去接，请他帮忙去接一下。他却以女朋友在等为由，轻而易举拒绝了朋友的请求。以后，对于他请求别人做的事，别人再不会随便答应了，王子洋忽然感觉自己在公司孤立无援。

其实，对于这些人，有时候他们并不是有意不去帮助别人。只是他们凡事只考虑到了自己，觉得自己是最重要的。他们就好像坐到了跷跷板的顶端，维持了高高在上的位置，忘记了该如何去和别人互动。

以自我为中心，是人际交往的障碍，它会阻止我们的人际关系向正常的方向发展。这些以自我为中心的人，只是关心自己的利益得失，从不去考虑别人的利益。任何事情只站在自己的角度看，盲目坚持自己的观点和意见，这样的人注定会缺少朋友。

无论是个性使然，还是不懂社交技巧，在人际交往中，我们都应该意识到，无论何时何地，要学会保持利益的平衡。要注意下面几点：

首先，平等对待每个人。在我们身边，无论是贫富差距，年龄长幼，在人格上大家都是平等的。我们不能将自己看得太重，将别人看得太轻，或是凭着自己的优势将别人拒于千里之外。对于所有人，我们都应该给予应有的尊重，学会平等对待每个人。尊重对方的人格、习惯、隐私等。

其次，努力帮助他人。"帮助他人是一种美德"，我们步入了社会，就该意识到这一点。每个人都有遇到困难的时候，每个人都需要别人的帮助。如果在别人需要帮助的时候，你没有伸出援助之手，那么，在你面临困境的时候，你该如何去要求别人来对你施以援手？所以，聪明的人知道，帮助别人不仅仅是一种美德，还是一种投资。

最后，增加自己的价值，纵然是"被利用"的价值。交际是相互交换的，如果你想要吸引别人，那就要增加你自身的价值。一切的人际关系，都建立在交换的前提下，一切的人际关系，都是人们根据一定的价值观进行的选择。那些值得的人际关系，应该保持，对于那些不值得的，或者失大于得的，人们往往倾向于远离，所以，增加自己"被利用"的价值。

一个心理学教授做过一个实验，他随机进行抽样，给一群素不相识的人寄去了一些圣诞卡片，教授知道应该会有一些回音。但他没有料到,大部分收到卡片的人,都给他回了一张,事实上,他们都不认识他。

这个实验虽小,却证明了互惠定律的作用。人们常说的礼尚往来,也是互惠定律的表现,是人类行为中一条不成文的规矩。知恩图报,彼此间等价地你来我往,有助于继续交往,在亲密的朋友间,虽然不一定要马上回报,但也不等于不报。

人与人之间的友谊和互动,就像跷跷板,要高低交替才能彼此和谐。一个只想着占别人便宜的人,只会遭到别人的讨厌和疏远。

8. 别被突然升温的"友情"烫伤

你和一些人仅仅是普通朋友,也许曾经共过事,但也只是泛泛之交,算不上有多么深厚的交情。但有一天,对方突然找上门来,对你表现出极大的热情,似乎和你好得像是无话不谈的哥们儿;还有你和一些人的关系仅限于见面点头微笑,是那种过后就不会再见面的状态,但有一天对方忽然给了你一个大大的拥抱,并嘘寒问暖,好似他多年以来一直真诚地惦记着你一样……

本来已经变淡的友情,在对方的主动之下忽然变得热络起来,我们自然不能将这份热情拒之门外,但同时也要清醒地认识到:我们收到的,往往会在不久的某一天分毫不差地还回去。所以对于这样突如其来的"好意",我们要保持理性,千万不要把一整颗心全盘交托出去。

樊琳接到大学同学陈乔的电话，对方在电话里一口一个"琳琳"叫得很是热情。她与陈乔的关系算不得多好，两人大学时不在同一个宿舍，但由于两人的体育选修课相同的缘故，所以每次训练时总能相互帮忙。大学毕业以后，她们几乎失去了联系，这次突然接到陈乔的电话，樊琳也深感意外，但也没多想，两人相谈甚欢。

这之后，樊琳与陈乔的联系逐渐频繁了起来，她们的关系就在其间慢慢变得"铁"了。一天，陈乔提出想来樊琳所在的城市旅游，樊琳自是高兴不已。就这样，樊琳热情接待了好朋友。在游玩的过程中，陈乔总用各种借口来逃避付账，比如说钱包落在宾馆了，现金不够等。樊琳也不在意，几乎包揽了所有开销。

陈乔走的时候又说自己这次旅游是来散心的，因为工作不顺，自己已经辞职，现在连租房都很困难。于是，樊琳又大方地借给了她2000元钱。之后，陈乔一去再无音讯，樊琳再也没能联系上她。后来从朋友那里听说，陈乔已经用这种方法骗了好几个同学了。

友情突然升温，很多情况下并不是因为对方重情重义，认定你是个可以深交的好朋友。很有可能是对方瞅准了你单纯的心态，当你开始对他掏心掏肺的时候，他便开始了利用和欺骗。

因此，对于这种情况，你一定要保持较强的"心机"，不在这种"温暖的友情"里失去方向，才能够冷静地保持距离，才不会被所谓的友情烫伤。

其实，要分析这种"友情"是否另有企图，并不难。首先是看看自己身上有没有可以供人利用的资源，比如，如果你发家致富了,这时久不联系的朋友突然登门造访很有可能怀着"借点钱"的心思;如果你升官发达了,对方就可能想从你这里"走后门";如果你无钱无权,那么他也许是想拿你当过河的一块跳板……

总之,友情的突然升温,很有可能在背后隐藏着不可告人的目的,面对这种情况时,我们要会见招拆招,让他无下手机会。下面我们看看怎么做比较合适:

(1)不马上拒绝也不马上答应

友情突然升温了,不要回绝对方的"好意",否则,很可能会得罪对方。也不可迫不及待地打包票,因为这会让自己抽身不得,把自己变得很被动。合适的这种方式可用四个字来概括——不推不迎。

这就好比男女谈恋爱,回应得太热烈,有时会让自己迷失,不能够正确地对待问题;若突然斩断"情丝",则会使对方大为恼火。这种方法与打太极比较类似,比的是耐心与毅力。

(2)冷眼以观

"冷眼"并不单纯指装聋作哑不闻不问,而是要不动情,不为他的甜言蜜语所动。冷静地看看他到底有什么企图,并且做好防备,以免措手不及。一般来说,对方若对你有所企图,都会在一段时间之后就"图穷匕见",暴露他的真实面貌,不会花太多时间跟你往下耗的。

(3)投桃报李

所谓"吃人嘴软,拿人手短",当你应邀与对方大吃大喝或者收下人家的重礼,就会被人拿捏住软肋,若是之后不答应对方的要求,除非你是无赖,否则便会觉得自己脸上无光。因此,他请你吃饭，你送他礼物；他帮你忙，你也要有所回报……这样一来二去，看似来往密切，其实谁也不欠谁，他有所意图也难以开口。

总之，做人不能没有防范之心，就如同前人所说："害人之心不可有，防人之心不可无。"真正的友情从来都是波澜不惊、不温不火，一如既往地保持着一种温度。面对突然升温的友情，还是慎重对待为好。

9. 为什么你真心地付出，换来的却是伤害

2017年6月22日，保姆莫某一把火烧掉了一套300平方米的豪宅。同时，熊熊大火带走了女主人和她的两个儿子、一个女儿的生命。

男主人22日一早接到亲戚的紧急电话，从广州飞回杭州，再来到西溪路上的太平间时已是十二点半，四个抽屉一个个打开时，他梦游一般瘫软下来。"我看到女儿两个眼睛睁着闭不上时，我崩溃了，我抱着我老婆哭，我看见她有眼泪出来……"

更让他崩溃的是，公安机关已认定是他们家的保姆莫某在客厅里点燃一本硬面书纵的火。他至今仍难以相信，他说："我们对她那么好，从来没有吵过一次架。"

小区的邻居也说："她家的保姆是最贵的，7500元，下午还可以休息，我们家是没有这样的。""他们对保姆真是好得不得了了，那保姆说缺钱，他们立马说我们借给你。"

问题或许恰恰就出在这里，他们对她太好了，结果反而害

死了自己。我们总是以为"善有善报",提倡用"真心去换真心",但结果也可能是善换来的是恶报,真心换来的是伤心。

为什么?因为给保姆开出远高于行业内的薪水,给她别的保姆不曾享有的下午休息特权,给她的儿子寄自己经营的童装品牌,把她当亲人对待,给她配宝马车……这些累积在一起的好,因为太多,反而变得廉价了。

所谓"过犹不及"说的就是这个道理,不要认为,一味地付出就能换取同等乃至更多的回报。事实有时候恰恰相反,这就是为什么古人说"升米恩,斗米仇"。

一个人饥寒交迫的时候,你给他一碗米,他会感恩不尽。如果继续给,继续给,他就会觉得理所当然。他的胃口也会越来越大,一碗米不够,两碗米不够,三碗四碗还是不够。

尤其是想到你家里堆满粮仓的米,他反而会觉得你给的还是太少。凭什么你有满仓的米,他自己却只有几碗米,而且就这几碗米,还要对你千恩万谢,感恩戴德?

这种想法一旦产生,麻烦就来了。也许,他会趁你不注意,偷偷从你那里拿走一些米。然后被你发现,尤其是你要去告发他,让他去承担自己罪行的时候,他会因此仇恨于你。

到此,他对你的感激之情已经消失殆尽,取而代之的只有满腔的怨和恨。报复,自然就成了理所当然的选择。而这时,你恐怕还一脸不解:"啊,我对他那么好,他为什么要这样对我?"

正是你的好勾引出了他的恶,并一点点养大了它,直至最后变成杀人不眨眼的恶魔。

对一个人好有错吗?

没错，但不要考验人性。如果没有原则，没有底线地对一个人好，就等于拿着金钱名利去考验一个人人性里的贪婪。贪婪是经不住考验的。

那么，该如何表达自己的善呢？

表达善，要有界。

什么是界限？心理学家武志红说："所谓界限，就是'我的'和'你的'，是分得很清楚的。这是'我的'家，'我的'财产，而不是'我们的'。我不侵入你的空间，你也不要侵入我的空间。"

如果失去了界限，就会产生一种"共生现象"。这是心理学上的一个效应，说的是在自然界，一株植物单独生长时，往往长势不旺，没有生机，甚至衰败枯萎。而当众多植物一起生长时，却能挺拔茂盛，郁郁葱葱。人们把这种相互影响、促进的现象称之为"共生现象"。

共生现象不仅发生在自然界，在人与人之间也有。一旦双方将自己的边界放开太多，就会陷入共生关系，结果就会给对方"我的就是你的，你的也就是我的，我们是一体的"感觉。而一旦一方无法满足另外一方，另外一方就会产生一种深深的背叛感。而当时给的越多，这种背叛感就越强，进而全都转化为恨。

纵火案的雇主恰恰就是因为忽略了自己与保姆该有的界限，并不断突破界限，结果制造了一种共生关系。让保姆有了一种错觉：我从你这儿拿多少东西都是应该的，都是理所当然的。而当雇主因为发现她偷窃，忽然意识到这个边界时，保姆就会觉得雇主背叛了她，从而生出怨恨。

有些你自以为是的善,其实并不是善,而是助长恶的罪魁祸首。

要做个好人,但不要做烂好人。这些所谓的善良的人,把善变成了一种廉价的东西,这不是善,是让恶生长的温床。你的善应该是世界上最昂贵的奢侈品,要珍惜着用。

你的付出要有价值,至少要让对方在接受的同时,付出必要的代价。只有他在接受的同时付出,你的付出才会被他珍惜。

无论是在一个家庭里,还是在做慈善时,都不要做一味的牺牲者。牺牲越多,最后的命运往往越悲惨。

真正的善良,不是一味地付出,而是成熟的选择;真正的善良,是恰到好处,不是过犹不及。

第四章

为什么你的善良
会被人利用

1. 是非不分的善良是愚蠢

善良是一个人最基本的品质，心存善良，这是人生的智慧。但是善良一定是要有原则的，没有原则的善良只会纵容别人的缺点，这样的行为会在无形中伤害到你。孔子亦云："君子有所为，有所不为。"这个世界，从来不缺善良，缺的是理智和克制。

善良是要有原则的，向恶人讲善良只会害了你自己。人生在世，最重要的是可以区分是非曲直、善恶美丑。若是选择了去帮助别人，就要先去了解他们，不要让自己的一腔好心反过来伤害了自己。

《射雕英雄传》作为金庸先生的代表作之一，不只是缠绵悱恻的爱情故事让人留恋不已，更让人回味无穷的是荡气回肠的豪侠精神。故事的一开始，郭、杨两家就被仇人追杀，郭、杨两位大侠双双牺牲，身怀六甲的郭氏更是流浪大漠，堪堪捡了一条性命。

造成这一幕悲剧的就是以善良闻名的杨氏包惜弱，她善良得连只鸡都不敢杀，连只蚂蚁都不忍踩，她救了大金国王爷完颜洪烈，而这个人直接造成了郭、杨两家的悲剧。

善良是要有底线的，有原则的善良是大善，是非不分的善良是愚蠢。它不仅混淆了大众对一件事的正确判断，而且助长了真正的恶。哈耶克说："当善良失去原则的时候，可能比恶还恶。"

在这个世界上，泛滥的善良是从来不缺的，缺的是原则和理智。善良若是没有了原则，让它毫无节制地在这个世界上横行，或许会变成最大的恶。

至于好的善良，用对了方法，它反馈到自己身上，也是很好的。

在炎热的撒哈拉沙漠，那一带被称为"死亡之海"，进去的探险者往往都有来无回。

一支考古队进入了沙漠，但他们发现这里的骸骨随处可见。队长便让大家停下来，将骸骨掩埋起来，还用树枝，石块立上了墓碑。

很多人在抗议，说什么我们进入沙漠是为了考古，不是为了收尸。但尽管如此，队长还是要他们去处理骸骨。

一个星期后，考古队终于发现了文物，这些文物足以震惊世界，当他们准备离开时，却突然刮起大风暴，在大风暴的影响下一连几天都不见天日，指南针也失灵了，考古队完全迷失了方向，食物和水也变得匮乏，他们终于明白，为什么一路上会有那么多的尸骨。这个时候，队长忽然想起他们一路上掩埋的那些白骨，那些白骨完全可以作为路标，指引他们走出去。后来，他们在那些"墓标"的指引下，终于走出了"死亡之海"。

善良并不是完全地将自己牺牲，然后去成全别人，有原则的善良才不会辜负了善良的真谛。《我的二哥二嫂》里面,男女主人公处处为别人着想,结果他们的好被视为理所当然,养出了一群"白眼狼"。虽然最后的结局是大团圆的,但是过程,着实让人心酸。

善良不应该是毫无底线的,"升米恩,斗米仇"的例子并不少见,过多的善良会养出太多的"忘恩负义"。同样,对于他人的善良,我们要心怀感恩,及时对他人进行回报,而不能心安理得地接受。

对于那些以你的善良为借口,进行肆意利用的人,一定要狠下心来。不要为了他们的评价,一再地将善良浪费在他们身上,善良的窗户没必要对那些不知感恩的人随意打开,因为这会让你的善良越来越廉价,直到丢失了你自己的原则。

《奇葩说》中有这么一句话:"善良是很珍贵的,但善良若是没有长出牙齿,那就是软弱。"所以善良一定要有底线,一定要有原则,不要随随便便、更不能是非不分。

2. 警惕别人把你当枪使

人人都反感被别人利用,认为这是一种耻辱。其实,有的时候能够被人利用恰恰体现了你的价值,但我们也要防范不要被别人过度甚至恶意利用。尤其在职场中,当利益关系成为人与人之间的主流关系时,更需要注意。

康振杰毕业以后被分配到工厂的车间,有一天车间主任愁眉苦脸地来找他，说公司下达了加工两种型号机床配件的任务，时间紧张，很难完成任务，问他有没有什么好的主意。

康振杰好心提出建议，说最好是将两套配件同时安排，同时生产，这样可以充分发挥各种设备的能力。主任接纳了他的建议，并让他着手去组织。但是在加工过程中，车间主任又告诉他，其中一批零件需要提早交货，现在更改计划已经完全不可能了，只好眼睁睁看着延误了交货期。

厂长非常恼火，要追究车间主任的责任，车间主任却将责任全部推到了康振杰身上。说一切都是康振杰自作主张，他也曾反对但无济于事。结果车间主任什么事情都没有，康振杰却没有落下半分好，还被扣了一个月工资。

在别人需要帮助的时候，伸手帮他们一把，这个是应该的。但是我们也要记住，无论是对什么样的人，我们一定要多个心眼，不要轻易被别人算计。

那些被别人当枪使的人，或是分析能力不够，或是抵制能力不强，往往将自己置于被动地位。如果我们身上也有这些弱点，那就要竭尽全力去弥补。

李丽丽在办公室做行政工作，一次她接到一个电话，说人事上出了一些问题，办公室主任让她去问一下人力总监。李丽丽去的时候发现总监在开会，便回来向主任汇报了情况。

主任沉吟了一下，问："总经理也在？"李丽丽点头。主任坚定地说："现在就去，事情紧急。"

李丽丽正准备去的时候，她的好姐妹将她拉住了，好姐妹在办公室待了五年，将事情的轻重缓急逐一向她分析，李丽丽这才明白了这其中的门道。

如果她当着总经理的面去找人力总监，势必会让总经理对总监心存不满，主任坐于幕后，就稳收渔翁之利，而李丽丽在其中不过是被当枪使了而已，很可能会引起总监的怨恨。

于是，刘丽丽在好姐妹的指点下，"客气"地将人力总监请了出来，将事情交代清楚，既避免了总监丢人，也完成了主任的任务，把事情完美解决。

在工作中，有的人习惯对上司的命令"唯命是从"，甚至习惯了替上司"背黑锅"，这些可能是无法避免的。但是，在"背黑锅"的时候，我们自己的头脑一定要清晰，要有选择地去背。有的时候背黑锅可以让我们快速赢得上司信任，无伤大雅的黑锅，我们可以适当"背"一下。但有时候，不合时宜听从了上司错误的决定，我们极有可能被这些所谓的黑锅压死。

那么，在职场中，如何可以做到既不伤了同事之间的和气，还能避免自己被当枪使呢？

首先，不要在别人背后论短长。

古人说："物以类聚人以群分。"这个是有它的道理的。职场中，那些喜欢搬弄是非的人总是能轻而易举找到自己的同类。当你也同流合污，处在是非中心的时候，便很容易被人当枪使，你所有搬弄过的是非都可能转过来成为石头，砸伤你的脚。

其次，要明确自己的责任。

有些职场中的"老油条"，他们往往会躲在幕后，去怂恿一些新手做一些他们想做却不敢做的事情。比如向上司表达对公司薪酬、休假等制度的不满，这时，作为新人一定要保持大脑的清醒，明白什么该做，什么不该做。千万不要别人煽风，你就头脑一热去点火。结果别人把你卖了，你还帮人数钱，还会被人在暗地里嘲笑。

第三，讨好要有底线。

不要总是怀着讨好别人将来总有好处的心理，没有底线的讨好往往得不偿失。好处是自己光明正大争取的，我们的机智要用在正道上，而不是寄希望于一些歪门邪道上。

社会是复杂的，无论我们做什么，都要与别人打交道，所以，我们要学会明辨是非。对于涉世不深的年轻人，我们应该从身边人的言行举止中，辨识出忠奸。尤其是在利益攸关的职场，大家彼此利益为重，应该更加小心。

3. 不可屈服于"我弱我有理"的威胁

因为要照顾那些弱小的人，所以常常牺牲自己的利益。本以为助人为乐便可以维持彼此的关系，但一次次无止境的消耗，让我们内心逐渐产生了怨气。有时候，过于呵护那些所谓的弱者，只会让我们一次次陷入困境。

徐颖在公交上经历了这么一件事。她那天上了一天班，上了公交便累得睡着了。睡了五分钟左右，就被人推醒了。她一睁开眼睛就看到一个老太太对她大声指责："现在的年轻人真是完了，都不懂得尊老爱幼吗？没看到旁边站了一个老人？"

徐颖见老太太拄着拐棍,赶紧起身让座,一边解释自己是睡着了。老太太依旧骂骂咧咧:"非得有人骂才给让座吗?"

然而,公交刚走了五分钟,老太太忽然发现自己坐错了方向,她连声喊着让司机停车。司机说:"我们有规定,不能随便停车。"老太太竟然拿着拐杖开始砸门,甚至将拐杖砸到了司机身上,直到司机无法忍受将车门打开。

生活中,许多人习惯使用情感作为操纵手段,喜欢通过示弱来获取自己想要的东西,或者总是以弱为理由强制别人做一些事情。在这样的情况下,妥协和退让是没有用的。我们既想顾及情感,又想处理好自己的事情,这往往会让我们处于被动的局面,最后一无所得。我们必须调动自己的思维,果断做出自己的选择,这样才能防止被他人情感绑架。

同时,在我们生活中,"弱者逻辑"这个词越来越多地出现在大众视线。存有"弱者逻辑"的人,往往会对别人有一种依赖心理,认为凭着弱者的姿态理所当然地就应该被别人帮助。对弱小的人提供帮助,这是应该的,但若是有一些人披上了弱者的外衣,一味地向我们进行索取,这只会形成一种恶性循环。面对这样的情况,我们要做的只有拒绝,不要让自己无缘无故背上道德的枷锁。邱凌去参加姐姐的婚礼,婚礼上有一个小孩子,总是拿他油乎乎的手去摸邱凌的衣服。不仅将她的外套弄脏,还折断了桌上所有的香烟,撕破了派给她的红包,将桌上的饮料撒得哪里都是。期间,邱凌稍一阻止,小孩便拿他油乎乎的手开始殴打,而他的父母坐在对面和别人谈笑风生。邱凌忍无可忍打了他一巴掌,将他扔到了他父母面前。他母亲叫嚣着大骂:"没有教养,以大欺小。"邱凌看了那个女人一眼,转身离开了现场。

没有谁规定弱者必须被原谅。如果我们必须要选择原谅,那么对于那些穷困潦倒的杀人犯,对于那些缺少关爱的强奸犯,我们是不是都应该选择原谅?有的作家涉嫌抄袭,很多粉丝跳出来说,抄袭怎么样,你知道他有多努力吗?有些歌手侵权翻唱,为博取同情,流着眼泪说当时住地下室吃了多久的泡面,于是又有很多人会说,我们该原谅他,他曾经那么可怜。

于是,那些本该值得同情的正义者便只能无奈地放弃自己的权益,而这些所谓的"弱者"便可以打着弱者的旗号继续横行,这是极不公平的。如果这个社会要求我们对这些弱者无条件的优待,对他们的行为必须忍气吞声,那么我们又应该怎样出门呢?

对于我们来说,不要总是以弱者的姿态向他人寻求帮助,不要总是做"索取者",索取得多了,总会让那些"付出者"逃离。同时,也要学着向那些总是向我们索取的人说"不",敢于说"不"才能维护好自己的权益。最后,在拒绝别人之后,不要过多地责怪自己,那些过度地索取者总是要被拒绝才能醒悟。

"强者自力更生,弱者傍人篱壁",弱不是借口,而是应该成为努力的动力。世界上没有绝对的公平,没有人可以为我们的窘迫去买单。

4. 你的好付给懂得珍惜的人才有意义

"我给你一颗糖，你看到我给别人两颗，你便对我有了看法，但你不知道他曾经给我两颗，而你什么都没有给我。"朋友圈中有一种人，他们只想向你索取，如果你一直无止境地给他送糖，那么他早就没有接受第一块糖时的感动。一旦停止了赠送，他们甚至会由最初的感恩变成愤怒。

与人为善这是必然的，但若是对方从来不懂得珍惜，那么付出也没有什么必要。善良不应该是廉价的，所谓的好要付给懂得珍惜的人才有意义。

郑州一家名叫"五谷坊香窝窝"的私营馒头店被环卫工人大吵大闹，差点砸了店面，而起因竟然是因为做好事。店主刘梦华开办杂粮馒头店不久，看到环卫工加班加点铲雪，很是感动。于是便决定用自己的爱心为他们做点事，于是在小店招牌旁写下：免费领馒头。环卫工凭着自己的工作证每天可以领五个馒头，只为让辛苦一天的环卫工人有口热饭吃。

出乎意料的是，前来领取馒头的环卫工越来越多，坚持了十几天后，店主深感成本压力，他只好将五个馒头改为三个。

在三月下旬，环卫工人照例排成长队领馒头，负责发放馒头的老板娘发现有三个环卫工已经辞职，于是拒绝给这三个人发馒头。

结果三人破口大骂，他们说："免费领馒头是公司给的福利,公司给你们那么多钱,结果现在我们一不上班就不让我们领了,你们太不厚道了。"还有人说:"我们不是一天可以领三个馒头吗?馒头我不要了,你把两块四退给我。"

刘梦华一家人感到很心寒,自己做了好事不被人感激也就罢了,还被他们无端指责。在自家人的商议下,只好悄悄将"免费领馒头"的告示摘下。

所以,对于那些不知道感恩的人,一定要记得远离,朋友是宁缺毋滥的。

乔晓芸是个很善良的姑娘,无论是对陌生人还是熟悉的人,只要是别人有事情拜托她,她都竭尽全力把事情做好。

比如说,到饭点的时候,她本来不打算回宿舍,只要舍友要她捎饭,她便会专程将饭送回宿舍。周一早上轮着做早操,需要五点起床,朋友给她打电话,说自己不舒服,想要她代代替她去做操。于是零下几度的冬季,她从热乎乎的被窝里爬起来替别人做操。

一次两次也就算了,三番五次下来,大家都知道她是最好拿捏的软柿子,有事没事就找她帮忙。

一次她出远门,需要舍友帮忙从宿舍寄个东西,说了一大箩筐好话,舍友才勉强答应。然而她左等右等,寄出去的东西都没收到。她后来给舍友打电话,舍友才说:"呀,我把你手机号写错了,结果快递因为被拒收又被送了回去。"

善良这个词是值得推崇的,但当我们受了委屈时,面对那些永远不懂得感恩的人,应该及时说出自己心中的想法,不要因为怕开罪人便畏畏缩缩,这样只会让我们的生存空间越来越小。

要记住,在善良面前,要懂得先爱自己,只有学会爱自己,才能更好地爱他人。对于那些伪善的情谊,不过是唇舌之间的道德绑架。这样的情况下,我们应该适时收起我们的善良,保护好自己。

世间之人那么多,总会有人把你的善良当成好欺负,把你的慈悲当成迟钝,把你的宽容当成笨拙,把你的风度当成懦弱。但是我们每个人都有自己的一片天,若是因为不肯自降原则讨好别人便被指指点点,则没必要耿耿于怀。我们的世界还轮不到他们品评,不要让别人的霾遮住我们自己的天。

5. 心软被骗! 警惕有人正在利用你的善良

《三字经》中写道:"人之初,性本善。"然而在这个渐显浮躁的社会中,很多人渐渐地迷失了自己,这实在是整个时代的悲哀。尽管如此,我们依旧相信世界的真善美,依旧相信这个世界并非只有冷漠。所以,在这样的情况下,我们一定要学会去甄别,善良该善良的,友好该友好的,远离该远离的,不要让自己的善良被人利用。

有句老话说:"知人知面不知心,画虎画皮难画骨。"我们将一些人视为我们的知心朋友,恨不得掏心掏肺、互诉衷肠。然而,酒桌上哥俩好的朋友转身就选择了出卖,相濡以沫的爱人转头就选择了背叛。并不是因为他们的心变坏了,只不过是我们自己缺乏对人性的洞察。

宋巧慧去逛市场，在街上被一个三十岁左右穿黑衣服的男人拦了下来，那人问她哪里有交话费的地方。

天正下着雨，男人一口广东话，很是有几分可怜。他说自己第一次来北京，手机欠费了，不知道该从哪里交话费。

那人提出要借她的手机给朋友打个电话，宋巧慧同意了，听到电话那边确实是非常着急。这人告诉她，因为汇率问题，他的钱不能马上到账，能不能问她先借一下，第二天到账了立马把钱还给她。

宋巧慧一时心软，便将身上仅有的两千块钱给了他。但是，这两千块钱借出去，便再没了音讯。

这个世界，向来不缺善良，缺的是冷静和理智。最好的善良是一种智慧，要能理性地区分出是与非。盲目善良的人，只会被欺骗被伤害。善良本身是没有错的，但要懂得适可而止。

假如一个人恶意利用你的善良，请一定要狠下心来，我们的善良不要交给这样的人，他们只会让你的善良变得廉价。孔子曾说："有所为，有所不为。"说的便是做事的原则。有原则的人不会对所有事情来者不拒，而是清楚地明白什么该做，什么不该做。

王尘和同事一起回家，路上遇到了一对青年男女。男青年叫住他们，他们本以为对方是问路的，谁知道对方一开口就是问有没有带零钱。"我们出来着急，实在是没有办法了，你看看能不能给点钱，让我们去买点吃的。大家都是年轻人，我们如果不是没有办法，也不会开口借钱。"

王尘和同事相视一眼，转身离开了现场。身为年轻人，纵然是没了现金，还有手机可用，即便是手机不能用，有手有脚总不能将自己饿死。不做任何努力只想向别人借钱，这样的行为实在不值得同情。

现如今在网上输入"街上要钱吃饭"就会出来很多事例。这些人专挑学生和女性下手，只因为这些人容易心软。有的人现身说法，说当时在读高中，遇到一个五十多岁的女人，那女人看起来很是憔悴，问他有没有一百块钱，说自己找不到路，已经三四天没吃饭了。那人一时心软，便将自己一个星期的生活费全给了她。但是高三毕业后，他发现那个女人还在用同样的说法在骗钱，他这才知道自己被骗了。

心软是一种善良，因为体谅别人的不容易，所以竭尽全力报以宽容。但是，有的时候，心软也是一种"病"，你对别人宽容了，反而可能受骗。

经过调查发现，心太软的人很容易吃这几种亏。

（1）容易被骗

心软的人经不起别人的请求，耳根子比较软，对方说得多了，他们就失去了辨别是非的能力。就好比一个赌徒和他们借钱，尽管知道不能信，但也经受不住对方的软磨硬泡，他们一发誓，心软的人就选择相信。但是有理性的人都知道，赌徒的话是绝对不能相信的。

（2）容易被利用

《欢乐颂》中樊胜美刚开始是心软的，她经不起母亲的哀求，但是她的心软换来的是不停地填补家里的窟窿，还有她哥哥肆无忌惮的挥霍。

（3）给别人伤害自己的机会

心软的人总是更容易受伤害，明明知道是对方骗了自己，但是只要对方惺惺作态地去求情，他们就不再计较了。然而有的人根本就不会悔改，原谅等于是纵容对方的错误，只不过给自己多了几分被伤害的机会。

（4）难成大事

做事瞻前顾后、难以取舍是他们的最大毛病，他们做决定时总是优柔寡断，缺少独立的思考。他们总是对全局缺少判断，这样的人是难成大事的。

心软的人，常常选择成全别人委屈自己。但是，这样的成全不一定能换来别人的感激。所以，做人不要太心软，该决绝的时候就决绝，该强硬的时候就强硬。千万不要委屈了自己也伤害了别人。

6. 善良的你，帮助别人时要多留个心眼

在生活中，很多人都喜欢行善德、做善事。遇到别人有困难，总是忍不住竭尽全力去帮助别人。但是要明白的是，人在旅途，暗潮汹涌，在我们的人生之路上，不光需要勇敢与坚强，还需要一定的"心机"，需要一些高明的处事方法。

做人有"心计"，并不是一件不光彩的事情，而是要我们在为人处世中，讲究方式方法，讲究变通之道。

《鬼谷子》作为一部纵横学著作，里面提到："谋之于阴，故曰神；成之于阳，故曰明。"在这里，鬼谷子定义了阴谋的概念，他说："阳不如阴，正不如奇，阳谋不如阴谋，正谋不如奇谋。"

当然，我们这里并不是主张要阴谋对人，而是无论何时，都要留一个心眼。行走社会，没有任何心眼的人往往会吃亏。

赵瑞刚刚结束高考去找同学玩耍，晚上回来的时候看到一个老人坐在马路中间呻吟，头上还带着血迹。他见路上虽然有行人经过，却没有人去管，他没有多想就去把老人扶了起来。

有人看老人头上流着血，就直接拨打了120。当救护车到的时候，事情发生了戏剧性的变化，老人指着赵瑞说："是他，就是他把我撞倒的。"

赵瑞头疼，不想多做纠缠，转身要走，却被老人拖住自行车不让其离开。最后好在调出了监控录像，证明了赵瑞的清白，不然做了好事，还得惹自己一身腥。

帮助别人，是要看人的，有的人会选择珍惜，不忍心欺骗我们的善良，但有的人心里面或许只想着利用。在帮助别人的时候，我们要懂得用智慧分辨一个人的人品，若是对方只想着利用，我们便应该小心。

也不要因为受过别人的骗，便从此对帮助别人失去了热心。人与人总是不同的，不要以偏概全。对于以前发生的事情过去了便过去了，不要时时刻刻挂在心上。对于那些真正在意的人，我们更应该多一点宽容。

肖小琦是开杂货店的，她在店里面遇到一个顾客，那顾客对她说:"我出去倒垃圾,谁知道一阵风过来,把钥匙锁家里了,现在钱也没带,只能打车去亲戚家拿钥匙。你能不能先借我50块钱,我回来就还你。"

肖小琦觉得顾客借钱的借口也合情合理,但转念一想,一般借钱和赊账的都是很熟的顾客,而这个顾客平时几乎没有见过。但如果不借,又怕顾客真的遇到了麻烦。于是她考虑了一下,说:"现在坐公交车也很方便,不管你要不要转车,8块钱到你亲戚家是足够了。这钱你想还就还,不还也没事,就当我送你的。"

那人听了,暴跳如雷,就像受了刺激一样,连连说她没有同情心,连50块钱都不舍得借,最后还是拿着8块钱走了。直到过了一个月,肖小琦再也没见过那位顾客。

罗素曾经这样说:"若理性不存在,则善良毫无意义。"在帮助别人的时候,要保留自己的智慧,试着学会去"算计"。算计并不一定都是贬义词,试着做一个有心计的"智慧人",让那些小人有所顾忌,让他们想要在你身上算计的心消失在萌芽中。

所以,在帮助别人的时候,我们自己要分清楚责任的界限。别人有难,我们可以伸出手拉一把。但是一定要把后果想清楚,不要什么事都一股脑地去承担。

可以管闲事,但是不要乱管闲事。这两者仅差一字,但其实是有很大差别的。一些街头大妈,自以为很热心,总是去干涉别人的事情,让别人避之不及。这种被热情盲目驱使,不清楚自己该管什么、不该管什么的行为是应当避免的。

人生如棋，机会便如棋子。棋盘之上我们不能亦步亦趋，束手束脚，要让我们的棋子各显神通。在心中把握好每个棋子的潜能，做生活的有心人。

7. 一个内心缺少爱的人，最容易上当受骗

"一个自小缺爱的人，最容易上当受骗。"因为只要别人对他们有那么一点点的好，他们就心甘情愿地对别人好，在这样的情况下，他们往往会轻易地迷失了自己。

而对于那些从小在爱里长大的人，因为收到过足够多的关爱，他们深知爱一个人是什么样的，所以不会因为别人对自己的一点好就感激涕零、不知所措。他们一般不会随意盲从，总会保持自己的理智，所以他们往往会找到真正对他们好的人。

亦舒的小说《喜宝》中，姜喜宝总会说这么一句话："我一直希望得到很多爱，如果没有爱，很多钱也是好的。如果都没有，我还有健康，我其实并不贫乏。"

姜喜宝为什么总是希望得到更多的爱？看一下她的人生经历就知道了。自小父母离异，她的父亲永远不关心自己女儿的生活，她也从不愿意和父亲多说一句话，在名牌大学读书，却没有钱交下学期的学费和生活费，连相依为命的母亲都离她而去。

正是因为这样的生活背景，她才极度渴望得到更多的爱。所以，当年纪可以做她父亲的人勖存姿出现的时候，她才会选

择投入他的怀抱。

那些内心缺少爱的人,大部分都有着极大的不安全感,这些会导致他们丧失对自身的归属感。他们苦苦追寻着,想让自己有个依靠,那些稍微对他们好一点的人就会让他们觉得那是他们的救星。他们害怕面对自己的内心,害怕自己的人生由自己一个人面对。所以,他们为了获得别人的关爱,往往会付出很多,甚至可能通过牺牲掉自己原本的东西去换取另外一些东西。

电影《被嫌弃的松子的一生》中,主人公松子的一生着实令人唏嘘。她先后经历了五段感情,每段感情都是全心全意地付出,她希望自己能获得别人真心的对待,但一次次地付出,只换来了一次次的失望。

在这部片子中,松子说的几句话让人印象深刻。

"只要我忍让能带来和平,那我忍让一下也无所谓。""只要我不是一个人就行。""只要有爱,我就能活下去。"

那么,再回顾她自小的生存状况,就知道她为什么会有那样的价值观。

松子有一个弟弟和一个妹妹,她的妹妹体弱多病,父亲便将所有的爱给了妹妹。即便松子自小学习很好又很听话,却很少得到父亲的爱。她记忆中得到的唯一一次父爱,就是吃到了父亲买的煎薄饼。

后来,懂事聪明的松子变了,为了得到父亲的关注和认同。她开始通过自我丑化来取悦父亲,工作之后为了获得安宁取悦同事,在爱情里为了取悦男人而牺牲自尊。

这样的松子可怜又可悲，到了53岁，她终于想通的时候，却被几个街头混混殴打而丧命。

内心缺爱的人往往是可悲的，是脆弱、敏感、自卑的，在这些负面因素的影响下，他们经常会将自己的人生过得一塌糊涂。那么对于这些从小就缺爱的人有什么好的建议呢？如何让他们逃离极度缺爱的桎梏呢？

首先，要学会自己爱自己。小时候缺乏关爱，不接受自己，总是将自己放在卑微的地方。在这样的情况下，首先应该先接纳自己，如果连自己都不能接纳自己，怎么能得到别人的接纳。过去的事情过去了就划上句号，试着去尊重自己，不要在心里将自己看得太低，这样别人也不会将你看得太轻。

其次，追本溯源，从源头上解决问题。了解自己原来的家庭和对方的家庭，分析两个人的家庭会给彼此带来什么样的影响。将自己家庭的问题搬到明面上，和对方一起来面对。不要总是将它藏着掖着，不好的事情捂久了，会发酵得更加糟糕。

第三，注意调整自己。如果你发现成年后的恋爱经历，总是有各种各样的问题，务必先停下来调整自己。想要投入新恋情的建议看《新规矩：如何让你心仪的人爱上你》，这本书不一定真的能让你找到一个心爱的人，但遵从这本书里的大部分建议，至少可以让你避免一段不好的恋情。

最后，对于自己的怨恨不要逃避。有的人会因为自己对父母的怨恨而产生强烈的愧疚，认为自己不应该有这样的想法。但是每个人都不是圣人，这样的愧疚感会伤到自己，找一个可靠的人，适时地将愧疚感表达出来，不要憋在心里。

内心缺少爱的人，不要总是希望别人来爱你，努力提升自己，让自己充满爱，然后去传播爱、付出爱，这样才能得到爱。一味寄希望于别人的爱来获得自我满足，总是会失落的。

8. 你可以骗我，但要注意次数

有时候，我们的善良经常被当作傻，宽容经常被视为没脾气。当我们因为善良不停地被欺骗，别人反复挑战我们底线的时候，即便是再善良的人，也会渐渐失去耐心。

对于一个恶人，我们没有必要一味地对他们善良，没有必要总是去原谅他们。将宽容忍耐给了他们，只会增加他们做恶的勇气，只会让他们更加肆意妄为。所以，对于那些将我们的善良视为愚蠢的人，想方设法从我们身上获取利益的人，不要再对他们善良了，离他们远一点！

肖群是一个很乐于助人的人，小时候和同村一个哥们齐恭玩得很好，虽然后来走远了，但彼此之间还是有联系。

齐恭向肖群借一万块钱，说有急用下个月还，到了下个月果然还了。又到了一个月，又和他借两万，说是父亲病了，做手术需要大笔医药费。肖群觉得给父亲看病事大，这钱说什么都得借，所以纵然自己经济有点紧张，但还是借了。

但后来听别人说，他父亲好好的，一点事都没有，而且每个月四千块钱的退休金，日子过得很滋润。然而，肖群没料到的是，齐恭两个星期后又来借五千，说是父亲手术费不够。

肖群没有说什么，只是拒绝了他的请求，客气地将他送出门。直到后来，肖群才知道，齐恭借钱不过是去放高利贷。知道内情的肖群在齐恭还了钱后，便直接将他拉入了黑名单，再没有联系过。

每个人都会遇到困境，在家靠父母，出门靠朋友，只有讲诚信的人才会受到欢迎。只会欺骗别人的人，注定在自己的人生路上走不远。当从困境走出来的时候，别忘了自己在苦难时期说过的话，别忘了自己当初对别人的承诺。

余文胜高中时候的好朋友，两个人关系很好，余文胜向来很相信他。但是，年初的时候好友忽然问他要银行卡号。多问了几次才知道，他竟然想拿自己的信息去骗一个将要毕业的大学生，假装自己是名牌大学的学霸，然后替他写论文来赚钱。朋友的水平自己知道，怎么可能替别人写得了论文。

那个大学生已经把钱打了过来，并且在手机里催促他赶紧把论文写完。余文胜怒火冲天，前去找朋友质问。朋友却说："你不要管，他将钱打过来，你把他拉黑就万事大吉了。"余文胜怒火冲天："什么不要管，你留的是我的信息。"

再准备说的时候，朋友却挂了电话。余文胜后来也删了朋友的一切信息，并提醒其他朋友，以后一定要小心这个人。

我们善良是应该的，但对于那些只会欺骗我们的人一定要学会远离，学会拒绝。只有学会分辨是非，学会坚持原则才能坚守善良的底线，才不会被别人利用，成为坏人的帮凶。

对于别人的事情，我们可以去帮忙，但要记住，帮忙是我们的个人意愿，并不是我们的责任。如果两个人的关系变得一边倒了,只有一方在付出,那么这段关系就开始变得不平衡了,对方会将我们的帮助视为理所当然。若是哪一天我们无法达成他们提出的要求,他们便会翻脸,将我们以前的付出忘得一干二净。

对于那些总是一味想从我们身上索取的人,我们要学会坚定有力地拒绝。

我们的拒绝尽量不要带有什么敌意。如果一件事我们真的不想去做,那就主动拒绝。这种拒绝是一种正常的反应,并不是说随意攻击别人,也没有说对别人有什么负面评价。

如果我们总是迎合别人,试着说不,日子久了,拒绝别人就没有那么困难了。

对于经常欺骗我们的人、对于屡教不改的人、对于那些总是将我们的善良当成懦弱的人,收起我们的善良,我们的善良应该是有原则的,而绝非廉价的。

第五章 你吃了那么多亏,有福了吗

1. 不要以为所有吃的亏都会变成福

亏可以吃，但是吃亏一定要坚持自己的底线和原则。比如，在日常生活中，我们的合法权益受到侵犯，人格尊严受到侮辱，面对这些问题，我们要做的是据理力争，而不是以"吃亏是福"这样的借口来自欺欺人。因为有时候，我们自以为是的"吃亏是福"，只不过一次又一次助长了侵犯者的嚣张气焰。

《芈月传》中有这样一幕：

樊长使的儿子公子通在园中玩狗，太子荡将他推倒，并抢走了他的小狗。小狗将太子荡咬伤，太子荡一怒之下残忍地将狗摔死。

很短的一幕，却暴露了人性的弊端。

公子通的母亲樊长使，她是一个将吃亏当成家常便饭的女人。无论何事，她都选择息事宁人。这个女人要的不多，只希望在后宫能有一席之地。然而，她一再地忍让，换来的不过是对方的步步紧逼。

最后，公子通实在无法忍受太子荡对他的凌辱，他向母亲哭诉，这个胆小的母亲却什么都帮不了他，最终只落得以自杀的方式了结了自己的一生。

这便告诉我们，亏，可以吃。但吃的这些亏我们一定要做到心中有数，一定要清楚哪些亏该吃，哪些不该吃，还要清楚吃亏的时候应该怎样办。

吴倩楠从小在村里长大，见多了那些家长里短，邻里间为了一些小事争得面红耳赤。尤其是自己对门一家，每次挑事的总是他们。村里修路了，铺到他们家门口，非要说修路影响他们家的水窖，女主人死活不允许。

施工那天，女主人一屁股坐在路中间，拍着大腿说队里的人欺负她们家，非要大队贴补一些才罢休。

吴倩楠家门口是自家的猪圈，猪圈在这里已经快二十年了，最近刚养了几只猪。邻居非要闹到他们家，说是猪圈味道太大，把她们家人都熏出毛病来了，让他们一定在几天之内将猪卖掉。

这样的事简直数不胜数，大家知道他们家为人，就这样一直忍着、让着，结果让出了一个飞扬跋扈的土皇帝。如果当初他们一有捣乱的想法，便遭遇严厉的对待，那后来他们也不敢无法无天。

能吃亏、会吃亏，是人生的一种境界，是一种坦然的表现。但是绝不是说所有的亏都要没有选择地去吃，如果一件事、一段关系，已经让你按捺不住自己的情绪，那么为什么还要大度地说吃亏是福呢？

无论是生活还是工作，那些看起来强势的、不好欺负的人往往能获得最大的利益，懦弱的人反而处处受限，这就是所谓"人善被人欺，马善被人骑"。

人们常说的"吃亏是福"其实它本身就是一个利益交换等式，有些哑巴亏是坚决不能吃的。那样只能使自己白白受损，有些亏要善于吃才能换来真正的"福气"。因此，暂时损失眼前的利益去换取长远的利益,这才是真正意义上的"吃亏是福"。

所以,在一些非原则性的问题上,我们该吃的亏可以吃,该让的步可以让,绝对不能睚眦必报,否则会损失很多朋友。但在一些原则问题上,我们一定要坚守自己的底线。

2. 可以吃亏,但别吃哑巴亏

吃眼前亏,几乎是每个人都经历过的事情。有时候,对方比我们的势力大,所处环境也比我们更优越,权衡利弊,我们需要暂时忍让。但如果选择忍气吞声、息事宁人,总觉得心有不忿,郁郁难平。

所以,在这个时候如果对方有意为难,我们可以先忍下来。"眼前亏"可以吃,"哑巴亏"就不要吃了。在对方正得意的时候,我们可以选择用更加巧妙的方式狠狠地教训他一番。

去年冬天,孙毛毛在商场买了一瓶廉价的染发剂,不曾想头发没染黑,反倒染成了灰色。他去找那个卖染发剂的店家理论,但是对方推说,他们卖了那么多染发剂,从来没出过这样的事情,或许是他染发的方法不对,并不是染发剂的问题。

当两个人为此争持不下的时候,孙毛毛又去找商场的客服部门,客服要求他提供当时的发票,没有发票,对方没法给予受理。他想讨个说法,却不知该到哪里投诉。家人劝解:"几十块钱的东西就忍了吧,和商场发火还把自己气出病来,实在不划算。"

这话听着虽然有道理,但是孙毛毛心里始终憋着一口气,想到这种廉价染发剂以后还会坑害更多的消费者,让商家牟利,自己更是不甘心。于是,他决定通过12315向商家讨要说法,经过有关部门检验,确定他购买的染发剂上的包装标示、商品名称、生产厂家和公司名称有明显的印刷错误,属不合格产品,孙毛毛终于如愿以偿地得到了退款。

　　作为普通消费者,类似的事例经常会在我们身上发生,如果我们总是抱着一种息事宁人的心理,甘愿吃哑巴亏,只能滋长不良商家的侥幸心理,让更多的消费者受害。而有些人不想吃亏,直接和商家开战,最后只能自己生气,最终也不一定能弄出个结果来。这个时候,我们不妨借着消费者维权平台,为自己讨个公道。

　　除此之外,在我们的日常生活中,人们更多的是在不知情的前提下,莫名其妙地吃了哑巴亏。比如那些不见收费通知,银行账户就被扣费;到饭店就餐,结账才知餐前茶水要付钱……一项调查显示,时下98.9%的消费者都曾遭遇过类似的"不告知收费"。而涉嫌这种"不告知收费"最多的行业就是:银行、通信、医疗、餐饮、家装、中介、保险等。

　　春节期间,周宏伟约了几位要好的朋友到市区一家饭店聚餐。等几人就座后,服务员端了一壶茶水上来,依次给大家倒上。周宏伟当时只感觉那个茶壶和别的饭店里的不太一样,茶叶好像也要好一些。但大家那时光顾着聊天了,也没问茶水收不收费,服务员也没告诉周宏伟一行人。

　　没想到,当他们吃完饭结账的时候,周宏伟却发现账单上除了啤酒和白酒的费用外,又多了30元的茶水费,这让他感到不解。对此,饭店前台经理表示,他们饭店的茶叶是上好的绿茶，不同于普通饭店的茶叶，当然要收取费用。

当时，为了面子，周宏伟没有和饭店多计较，只是要了详细收费单据和发票就付了钱离开。事后回想这件事，周宏伟觉得很不痛快："茶水收费没问题，可就算要收费，至少也应该向顾客提前说明，像这样'先斩后奏'的做法，难道不是欺诈吗？"

于是，他再次去那家酒店消费的时候，直接找来酒店的经理投诉。经理听了他的话，首先对上次的不告知收费表示道歉。并且，他告诉周宏伟，是服务员太过疏忽，没有告诉顾客那是收费的茶水，他会好好批评他们，并且，承诺以后再不会让这种事情发生。为了弥补上次的不周，经理亲自送上一壶免费的茶水，以表歉意。

法律专家指出：经营者此举，不仅是不诚信的表现，更是一种侵害消费者知情权、选择权和公平交易权的违法行为。然而，到底是什么原因造成"不告知收费"情况屡见不鲜？在一项调查中显示，68.2%的人觉得是商家利用了消费者"大事化小、小事化了"的心理。所以，当遭遇此类不事先告知的无声收费，我们切记要维权，不吃哑巴亏。

3. 遭遇抢功，你发声了吗

初入职场，你是不是遇到了这样的问题：辛辛苦苦做出来的东西被别人三言两语抢去了大半的功劳。明明是你呕心沥血得出来的成果，转个手却成了别人的东西。

你怒不可遏,你深感不公,想大发雷霆又怕惹怒领导触犯同事。你想忍气吞声,却无论如何咽不下这口气。你深感迷茫,却无能为力,不知道该如何去做。

孟程莹刚入职场不过两个月,这两个月,她比其他同事都要累。扫地、擦桌子、复印文件……能做的不能做的,都要她去做。同事有什么不想解决的都交给她,她都乐呵呵地接受,常常都是大家都走光了,她自己一个人加班到深夜。

同事做策划方案时遇到了问题,点名要她帮忙。她便答应了,于是她每天除了做自己的分内工作,还要帮其他同事做杂活,帮着做策划。

老员工要孟程莹帮忙是有原因的,他们的思维已经太过陈旧,现在急需孟程莹这样的新鲜思路来冲击一下。孟程莹便跟着对方东奔西跑,在大太阳下调查数据,去实地考察,没想到老同事后来干脆直接就把所有的工作都交给了她。最后,她熬夜将策划整理好交给了老员工,策划通过了,她自己却累得住进了医院。

她从医院回到公司,发现那提交上的策划案里,从头到尾没有提过她一个字。辛辛苦苦的努力,转眼便全部成了别人的成果。

人们通常认为"好人有好报",就像孟程莹心里认为的,做了好事理应有一个好的回报。别人的感激暂且不说,最起码策划案上应该加上她的名字。

其实职场上这种情况很普遍,你辛辛苦苦想出来的东西,别人三言两语便将你的功劳转走了大半。更有一种职场抢功的高手,他们的话绵里藏针,不着痕迹地显示了他们的功劳,而你却没有丝毫的着力点。

这样的情况让人着实窝火,面对这样的情况,应该怎么做?是选择沉默,还是选择爆发?或是愤愤不平地向老板哭诉?

这些处理方式都是不恰当的。选择哭诉之人,如果局面已定,你再去做什么,反而有种搬弄是非的嫌疑。即便老板选择了相信你,也会觉得你这个人喜欢斤斤计较,成不了大事。而选择沉默之人,只会助长那些"抢功者"的志气,灭自己威风。而如果选择针锋相对,初来乍到一个公司,便给同事一个不能容人的印象,这样也不合适。

更有一种人,他们"宁为玉碎,不为瓦全",自己权益受到了侵犯,于是毅然决然选择离开公司。这样的做法更不可取,遇到问题,你不去解决它,那么下次遇到了,你还是解决不了。

那么,面对这样的职场抢功,我们到底应该怎么办呢?职场专家给我们提出了建议。

首先,要学会去展现自己。

古语虽说:"酒香不怕巷子深。"但在如今,人才济济,你不去毛遂自荐,一定会在沙堆里被埋没很长时间。职场中,展现自己是门学问,也是职场的必修课,只有将你的才能让领导看见了,在未来的职场生涯中,你才会有更多的机会。

其次,学会在工作中留一手。

你不要事无巨细地将所有东西对别人说,因为这些可能变为他抢功的资本。给自己留点底气,在会议上,当着领导的面讲出自己的观点,讲出那些细节的东西。这样,大家便会明白,其实项目的大功臣是你,而那些人不过是好功者而已。

第三,要明白忍一时风平浪静。

在工作中，存在利益之争这是一定的。面对这样的问题，我们不妨退一步，伺机而动。一个真正有才能的老板，他的眼睛是雪亮的，他知道哪个人是真正有才的，哪个人是只会耍嘴皮子的功夫。如果抢功的人是你的上司，那么也正说明，你的能力得到了他的认可，如果他能够升迁，那么你的机遇也就来了。

我们要明白，既有老虎的威猛又有乌龟的寿命，这样的动物是不存在的。若是你觉得什么样的代价你可以承受，那就去做。只不过要记住的是，脚踏实地，以自己的真才实学为公司出力，努力使自己走得更高更远。当你成长到别人无法忽视的时候，便没有人敢再去抢你的功劳。

4. 坐等恩赐不可取

有句老话说得好："老实人吃哑巴亏，会哭的孩子有奶吃。"无论是生活还是职场中，要想"有奶吃"，就要懂得为自己争取利益。因为在公司，若是连你自己都不为自己争取，本该属于你的利益你不去拿，那么是不会有人帮你的。在生活中亦然，本该属于你的利益你放弃了，势必会被别人侵犯到头上。

有很多人都以为，在工作中，做一个好员工就是做一个听话的员工，不能和老板谈条件，要无条件地服从领导的安排。但是，你要知道若是你的机会到了，你选择默不作声，这将成为你前进路上的最大阻碍。所以，属于你的利益一定要主动去争取。

徐温是一个很有上进心的青年才俊，初入职场，处处想要表现自己，处处想要得到别人的认可，他也确实得到了领导的器重。但是他逐渐发现，一遇到重活累活，领导最先想到的就是他，然后领导会语重心长地告诉他，他前途无量。但一遇到什么好的事情，领导完全将他抛之脑后，什么优先，什么荣誉，跟他完全沾不上边。

眼看着大好的机会白白溜走，他只能干着急。后来，带他的师父有意无意地提点他："你着急，你去争取了吗？是你的，就要去主动争取，等着别人的施舍，永远也拿不到自己想要的。"

于是以后结算工资的时候，他有意无意地"斤斤计较"，哪怕是十几块钱，该是自己的，怎么也要揣到自己兜里。但后来一次很好的机会，他将提成的几万块慷慨地分了一半给同事，因为同事在其中穿针引线帮了很大忙。一次和老板闲聊，老板很疑惑地提起这件事，徐温笑着对老板说："是我的，我一定要去争取。那是毫厘不能让的，这与小气大方无关，这是原则问题。"

老板笑笑没有说话，在职场中，该属于徐温的，老板也不会吝啬。

其实，每个上司心里都藏着一个账本。他清楚地知道，哪些人可以给他更大的权利，更多的利益；哪些人可以用来做利益上的交换；还有哪些人是等着他给恩赐。这些人清清楚楚排着次序，对于那些可以给他更多的人，他势必会放在第一位，那些等着他来恩赐的人，不用说，自然是放到了最后。不是说老板自私，而是，这就是人性。

坐等恩赐，这是无能者的表现。等待别人恩赐的人，是注定无法成功。大多数的成功不是等来的，是自己积极主动的结果。有些事情，你做了或许不一定能成功，但不做，那是永远无法成功的。

包若涵买房的时候本来想用公积金贷款，但是销售说，楼盘不支持这样的贷款方式，于是包若涵只好就这样作罢。但是签合同的时候，她意外发现，有一条附件中写道，公积金是可以贷款的。

于是，她便直接去找了销售。销售告诉她，这个以前是可以的，但新规是不可以的。包若涵只好先交了首付，但她回头想想，使用公积金的话可以省将近15万，而她没做任何争取便放弃了自己的权益，真的是太傻了。

她完全可以在交定金之前和销售说，她要去别的楼盘看房，继而给销售施以压力。她也可以坚持不付首款，找到销售总监面谈，这些都是可以的。

利益是要自己争取的，你不去争取，坐等利益，永远也等不到。包若涵轻易放弃了自己的利益，于是将近15万的资金便白白地从她手里流走。

所以，无论是在工作还是在生活中，都一定要学会争取自己的利益。当然在争取自己利益之前，要先清楚自己手里有多少筹码。如果连筹码都没有，拿什么去讨价还价？

尤其是在工作中，要努力干出自己的成绩，在这样的情况下，你去争取自己的利益，老板也不会有什么太大的不满。毕竟你争取的利益越多，意味着你为公司服务的越多。但若是你一无所有，即使你在利益面前表现得有多"矜持"，老板也不会太多地欣赏你。

把自己各方面情况综合一下再去考虑属于自己的利益，这是一件合理正当的事情，不用羞于启齿。

5. 吃亏，但也要懂得如何争取自己的利益

在我们的生活中，那些"吃亏""受气""上当"的大抵都是一些老实人。老实人仿佛是一群失去自我利益的人，他们似乎永远把自己某些应得的利益拱手让人。并且有些人也会由此感叹命运的不济或是社会的不公，然而，塑造自己的弱者形象、铸就自己惨淡人生的不是别人，正是不懂争取利益的自己。

徐浩是公司的程序员，在做第一份工作的时候，软件出现问题，他总是主动承担责任。岂料公司正好需要一个替罪羊，就把他辞退了。走的时候他请同事们吃饭，认为自己虽然吃亏，但对公司贡献很大，自己再找工作的时候，公司的同事应该会推荐一下。然而，让徐浩感到郁闷的是，没有一个同事替他写推荐信或说话。过了很久徐浩才明白，如果同事们帮他说好话，就是反证公司对他的处理有问题，公司有错。徐浩反正已经吃亏了，已经被开除了，就让徐浩吃亏到底吧，往他身上泼脏水，才可以显示公司的正确。

后来徐浩加入另一家企业，谈好试用期结束后工资加500元。但试用期过后工资没有变，当初招他进公司的人事却换掉了。由于合同上没有说明是试用期，写的是一年的工资，徐浩也没有办法。跟上司反映，上级说这是公司的规定，大家都得按照公司的制度做事，他也没有办法，但他会尽力帮忙争取。

结果徐浩的合理要求,最后变成徐浩没有道理,为了避免影响,想想"吃亏是福",徐浩也没有继续争取。

不少文章把"吃亏"描述成无私的奉献、成全他人的美德、潇洒的生活态度、恬淡处世的行为、崇高的境界等,劝诫人们不仅要甘于吃亏,还要勇于吃亏。于是,有些人就奉行这些训示,默默地奉献,默默地吃亏,遇到对自己不利之事也不去反抗,并且还安慰自己"吃亏是福"。

然而有些时候,"吃亏是福"不假,但是若你根本不知道"福"在哪里,那么你吃的亏就一点价值都没有。那吃这样的亏又何必呢?还不如放下做老实人的态度,争取属于自己的利益。

最近,苏北用一张八尺整纸的黄胄名画和朋友换了一个折扇。据说那是朋友的传家之宝,折扇一面是山水名画,一面是董其昌的亲笔书法,董其昌的书法那可是苏北最喜欢的。

有一天,两个古玩专家的朋友来家做客,苏北就把那把折扇拿出来让他们瞧瞧。这一瞧,可不好了,其中一位朋友说:"您这个朋友不地道,坑您了。"

"怎么?"苏北心中一惊,"哪儿不对呀?"

"运笔不流畅,太拘谨,模仿的痕迹太重,没有董其昌的风骨。"那位朋友指着上面的书法说,"纸是老纸,字肯定是乾隆以后的。您看这印,用的是八宝印泥,八宝印泥是乾隆以后才有的,董其昌要能活到乾隆年间早就成了怪物了。别的甭说,就冲这一条,也不可能是董其昌的真迹。"

"混蛋!还跟我说是家传的,这不是坑人嘛!"苏北气急败坏地举起扇子就要摔。

"别介呀。"那位朋友拉住苏北的胳膊,"这扇子是清中期仿的,也许真是人家家传的,只是年份不太长。虽然不是真迹,多少还是有点儿保存价值的。其实,这上边的笔墨手艺还过得去,一般的人绝对不敢说它是假的。别生气,吃亏是福,起码您又认清了一个人的本质。"

"我也太亏得慌啦!那可是黄胄的真迹呀。不行,我得打个电话,讨个公道……"

苏北拨通了原折扇主人的电话。放下电话后,苏北边说话边发出笑声来。"我就想嘛,多年的朋友是不会骗我的。"他轻松地看着两个专家朋友说,"我那朋友电话里说了,就知道是家传的,没料到能是假的。他说不是故意想占我便宜,这就把那张黄胄给我送回来。哈哈,好了,没事儿了。"

对于一些侵犯自己正当权益之事,我们当然要拍案而起。这样不仅避免了那些假公济私,欺软怕硬的人的猖獗行为,而且,也不至于使自己受到太大的损失。

6. 职场哪些利益必须争取

曾国藩说过:"做人的道理,刚柔并用,不可偏废。太柔就会萎靡,太刚就会折断。"人行于世,不能锋芒毕露,但也不能软弱无力地任人宰割。

我们要知道,生活和工作中,很多事情不是我们默默等待,就会有好结果。有些利益必须自己去争取,只有这样才能使人们在关键时刻力挽狂澜,也能使人们在日常生活、工作和人际交往中游刃有余，不吃哑巴亏。

张苏盟大学一毕业就进了一家外企工作，刚进公司的时候，他看到那些人总是喜欢巴结上司、讨好同事。人与人之间，表面上一幅大大咧咧、合作愉快的样子，暗地里却你争我斗，恨不得把别人挤垮。

原本，张苏盟在性格上就是个内向孤僻的人，因为看不惯这种职场争斗，他只能尽量远离是非，把自己从这种环境中孤立出来。

他觉得只要自己勤勤恳恳地工作、本本分分地享受自己的劳动成果就足够了。可是，事情并不是他想象的那样。他的这种态度，常常使他连自己应得的利益也保不住。和同事共同开发一个科研项目，明明他出了不少力，最后的功劳却没有他的份；领导交待的一项任务，明明他费了很大力气才完成，但是因为没有把工作的难度反馈给上司，导致上司并没看到他的工作能力……

更让他感到心寒的是，有一次，他辛辛苦苦加了几天班，赶出来一个关于新产品推行方案，交到自己的顶头上司李经理那后，竟然如石沉大海般杳无音信。他想：可能是上面正在审核，或者因为领导忙其他事情耽搁了，所以并没有太在意。

几天后，公司召开新品上市的研讨会，会上公司上层领导公布了已经确立的关于新品推行的方案，正是张苏盟交给李经理的那份，可是，会上公布的却是李经理的想法。这让张苏盟心里很不是滋味，明明是自己的策划成果，却让李经理抢了功劳。

在日常生活中，我们经常可以看到很多人，虽然明知道权益被侵害，但只要无伤大碍，就能忍则忍，不愿为此劳神费力。可是，我们的息事宁人却常常使自己的利益一再受损。

事实上，有些利益本来该属于自己的，我们就要主动去争取。常言道："老实人吃哑巴亏，会哭的孩子有糖吃。"尤其是在职场，在同等条件下，两个同事工作都算努力认真，工作能力也不相上下。但在发年底奖金或者评级晋升的时候，一个因为处处不如意而垂头丧气，但另一个却因为平时在领导面前没少表现和推销自己，又是晋升又是拿到高额的奖金而洋洋得意。

为了避免这种事情发生，我们一定要学会凭借自己的能力和资本主动向上司提出晋升请求。

现代社会充满了竞争，职场也不例外，在通向金字塔顶的道路上每一步都是竞争的足迹。当你了解到某一职位出现空缺，而自己完全有能力胜任这一职位时，就要主动争取，主动出击，把自己的想法或请求及时告诉领导。即使上级有了指定的候选人，但是这位候选人在各方面条件都不如你时，你就更应该积极主动争取，过分地谦让可能会堵死你的晋升之路。

当然，下级向上级提出请求时应讲究方式，不能简单化：宜明则明，宜暗则暗，宜迂则迂。这要根据你上级的性格、你与上级以及同事的关系等因素而定。

另外，一个人如果能得到与自己的能力、兴趣完全一致的工作岗位，那无疑是一件非常值得庆幸的事。但是，在现实生活中，命运往往跟人们过不去。人们也往往在社会分工中，被安排在某个不甚理想的工作岗位。

例如，有人想干电工，却被分到了机床边；有人想干业务，却让你去开车……面对种种不顺心之处，我们不能一味将就自己。在条件允许的情况下，应该主动找领导谈谈，提出调换工作岗位的要求。当然，在提出类似的请求时，最好是先考虑一下这样做的可行性有多大，然后再做决定。

还有就是，你做出了什么成绩，要让上司心里有个底，不管你多么努力工作，如果上司不知道的话也没用。另外，有些工作，在开展之前，领导需要向你许诺一个利益标准。如果领导在交代任务时忘记了承诺，或不好做出承诺，你就要提前要求你应该得到的，这不是什么趁火打劫，领导也较容易接受。

当然，大家要切记，即使你是一个懂得为自己争取利益的人，在争取利益的时候也要把握好"度"。

有些人向领导提要求很不会把握分寸，往往要求很高，引起领导的反感，招致"讨价还价""德不配位"之类的奚落。

过来人通过积累的经验告诉我们，在争取利益的时候需要注意以下几点：

首先，不争小利。不为蝇头小利伤心动气，显示出宽广胸怀、大将风度，在领导印象中形成"甘于吃亏"、"会吃亏"的好印象，在小利上坚持忍让为先。

其次，按"值"论价，等价交换。最简单的例子，如你拉到10万元赞助费或为单位创利100万元。你要按事先谈好的"提成"比例索取报酬，不能扩大要求，也不要让领导削减对你的奖励。

最后，我们要记住，凡事要养成一种主动为自己争取利益的习惯。有些人总觉得自己处处被动，处处受人压制，殊不知，这种被动局面完全是由自己造成的。如果你事事主动，事事想在前面，干在前面，你就会从被动的局面中解脱出来。

7. 丢了"芝麻"是为了得到"西瓜"

"塞翁失马焉知非福",说的是吃当下的亏,不一定是坏事。你步步不让,毫不理亏,不一定是好事。因为很多时候,你损失的那些小利会带来更大的利益。你斤斤计较得来的东西,往往会让你失去更重要的。

所以,为人处世,一定不要斤斤计较、鼠目寸光。

要记住"舍得",有舍才有得。舍小谋大,方能立足长远,这是一种智慧。将这一智慧用在为人、做事、做生意上去,将会获得更多的机会。

温州生意遍布全国,以至于有人曾发出感叹,"有人的地方就有温州产品。"而温州人做人做事时时坚守的理念就是"舍小谋大"。

在做人方面,温州人以这一原则得到了客户的信任;在做事方面,温州人凭着这一原则提高了产品的质量,建立了自己的品牌;在产业之上,温州人更是从小处着手,将小产品做成了大产业。

在温州人看来,当社会上聪明人比比皆是的时候,你再去寻求占便宜,便是不折不扣的"傻子",和那跳梁小丑也没多大差别。

一个小伙子,他到上海去推销清洁剂。但是,上海这地方清洁剂的同类产品,市场已经被瓜分得差不多。这个小伙子想将上海这个市场撕开一个口子,谈何容易。

于是,他秉持着"舍小谋大"的理念,到了上海一家很出名的宾馆。他对老总说,他可以免费为整个宾馆做一次保洁。老总觉得他是傻子,天下哪有免费替人服务的。但听完他的产品介绍,老板决定给他两天时间,让他把会议室和所有的大厅打扫一遍。然而,不过是一天多一点的时间,小伙子便交上了一份满意的答卷。他打扫的地方焕然一新,还有淡淡的清香散发出来,让人心旷神怡。

很多客人纷纷留言,对宾馆的环境非常满意。接着,老总接待了小伙子,留下了他的产品。同时,将向他取经的同行名片递给了他。

秉持着这样的精神,一年以后,小伙子获得了巨大成功。

许多的创业者,他们能有如今的成就,主要就是因为他们坚持了"以小谋大"的理念。舍小利,便可以薄利多销,打开市场,市场一旦打开,利润便滚滚而来。

"吃亏"这是很多人都不愿做的事情,但是要记住,只有舍弃小的利益,才能获得更多的利益。持之以恒地将普通的事做好,将小事做大,长久地坚持下去了,便会取得成功。

于石大学毕业便进入了出版社,因为他的文笔很好,所以被安排到了编辑部。初入职场,他的态度非常端正。

那时候,出版社正在对一套丛书进行发行和宣传,每个人都很忙。老板没打算增加人手,于是便把编辑部的人安排到了发行部、业务部。其他人只是面子上去一下,再然后,便找借口不去了。

而这个年轻人,将那边的工作当成自己的本职工作来对待,在他看来,吃亏就是占便宜。他包书、送书、取稿、邮寄……

只要是能帮忙的,他一概不拒绝。

两年以后,他成立了自己的出版公司。原来早在别人懒懒散散应付的时候,他却将出版公司的一切流程都摸了个透。直到后来,他依旧是以这样的理念来要求自己。他的生意做得如日中天,客户也越来越多。

有的时候,你觉得自己是损失了,但其实,你得到的要比你损失的多得多。没有人愿意和一个斤斤计较的人做朋友,没有人愿意和一个只顾自己的人共事。一个人若总是怕吃小亏,那么往往会吃大亏。

世界上的人,为了自己的利益,为了不吃亏、少吃亏,争得头破血流,可谓是无所不用其极。但要知道,祸兮福所倚,福兮祸所伏,一切都是可以相互转化的。通常情况下,在人前吃些小亏,利字面前让三分,这样才能心怀坦荡,才能赢得更多人的信任。

8. 教你几招如何不吃哑巴亏

饶奔红在装饰公司做销售代表,有一次他遇到了一个客户,这个客户在大型楼盘做置业顾问。

虽然饶奔红已经将价格压到很低,但客户依旧不满,竭力往下压价。

饶奔红心下想着这个客户若是可以在自己楼盘给他拉几个订单,那么他可以赚得更多。

于是,没有和客户说明,他牺牲了自己提成,将报价压到了最低。

当他向客户提出请他介绍别的客户要求的时候,这个客户竟然毫不留情地拒绝了。

饶奔红深感气愤,对他说:"我可是牺牲了我的提成来帮你填补差价的,就是为了让你多给我介绍几笔订单,你这样拒绝,我不是白做了吗?"

客户理直气壮地说:"我可没有要你这么做。"一句话让饶奔红无言以对。饶奔红起初的想法并没有什么过错,但实际上他主动放弃了自己的利益,客户并不知道,他只会认为是自己能力强会砍价,这样的价位是自己争取来的。所以饶奔红请他在楼盘上拉订单,对方可以理直气壮地拒绝。

我们可以吃亏,但千万不要吃哑巴亏,吃哑巴亏只会让别人将我们的便宜占得心安理得。而我们自己吃了哑巴亏,偏偏还有苦说不出。

同时我们也可以看到很多这样的人,他们明明知道自己的权益受到了侵害,但是却选择了忍气吞声。这种选择虽然不失理性,但却在无意中纵容了那些爱占便宜之人的恶行,让他们愈发觉得自己的行为是正确的,

吃亏不可怕,可怕的是吃哑巴亏,一肚子苦水憋在心里却倒不出。那么,如何才能避免吃哑巴亏呢?

首先,可以选择事后"报仇"。

当我们意识到自己吃亏的时候,觉得自己受了委屈。当即勃然大怒、针锋相对,这是不正确的。以决绝激烈的方式为自己维权,这样往往会把自己置身于一个危险、难堪的境地。

所以我们可以选择事后报仇,忍一时风平浪静,事后再理

智地好好算账。

比如我们坐出租出行,本来50块钱的路程结账时却要100元,路程多出了足足一倍。这时,我们可以不动声色索要发票下车,事后拨打发票上的投诉电话,维护自己的合法权益。

其次,洞悉对方的心理,争回自己的利益。

人的地位有高低之分,当我们处在一个不利位置,便很容易受到别人的压制,往往来自地位比我们高的人,这样的压制让我们无从反驳,从而吃了哑巴亏。这样的情况下,便需要有敏锐的眼光,去洞察对方的心理,然后用清醒的头脑去争回属于自己的利益。

"完璧归赵"的故事众所周知,赵国得到一块和氏璧,却被秦国索要。面对强秦,蔺相如凭着自己敏锐的眼光看出他们没有送城的决心,于是毅然决然采取了自己的策略,如此才能完璧归赵。

若是蔺相如面对强敌,屈服于对方权威,不敢去维权,那他只好眼睁睁将这个哑巴亏吞下。所以,正如曾国藩说的,做人的道理,刚柔并用,不可偏废。太柔就会萎靡,太刚就会折断。人不能锋芒毕露,也不能软弱无力地任人宰割,要刚柔并用,如此方可。

最后,凡事长个心眼,遇到不法侵害,及时补救。

人生在世,凡事不能轻信他人,但也不能尽信。未雨绸缪总会比亡羊补牢更好一些。无论是在经济往来还是为人处世之上,我们都应该谨慎行事,不要被人恶意侵犯了还不自知。

比如在职场中,上司随随便便将我们的功劳据为己有,我们怒也不是,忍也不是,这该怎么办?所以,这就提醒我们要学会未雨绸缪。在我们将东西传达给上司的时候，没必要一股脑地全部交代清楚，该保留的还是需要保留。在需要的场合，那些保留的东西便可以发挥它们真正的用处。

　　身在社会中，人不能太过聪明，太多算计。因为大家都不傻，睚眦必报会失去很多朋友。但我们也不能太过"憨傻"，去吃一些哑巴亏。本该属于自己的，主动去争取，不属于我们的，也不要去惦记太多。早晚有一天我们会发现，那些曾经走过的路，都会成为人生的财富。

第六章

你爱到没底线，TA伤你就没顾忌

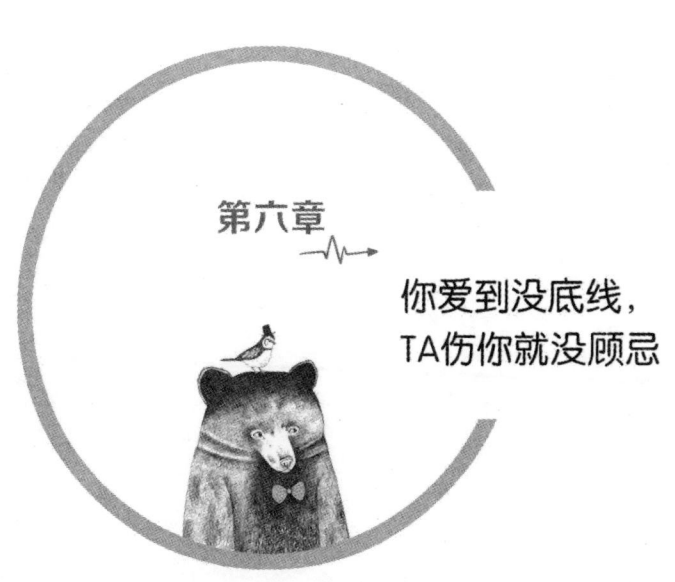

1. 你的付出，TA 不懂珍惜

人性有的时候很奇怪，你对一个人越好，越是放低身段地去讨好，对方便越不把你当一回事，因为他得到得太过轻易。蔡康永在《爱情短信》里写道："在爱情里面，你竭尽所能的付出，有时只会换来避之不及的嫌弃。"

有的人在爱情中失去了自己的原则，没有自己的世界，以对方为中心，最后失去了自我，这样的付出只会让对方觉得这样的爱太过廉价，然后选择转身离开，去寻找能体现自己价值的东西。付出本身并没有错，但若是让对方觉得我们付出得太过轻易，那便得不偿失了。

《飞狐外传》中程灵素喜欢胡斐，明眼人都看得出来。或许是第一次见面便喜欢上了，又或者是那个夜里，强敌来袭，胡斐不顾自己死活，反而以她的生命为先，所以她无可救药地爱了。

喜欢一个人，纵然你不说，爱意也会从眼睛里流露出来。胡斐接收到这种视线时，他心下一惊，接下来便拉着程灵素做他的结拜义妹。然后，心安理得地享受她对他的好。

程灵素本可以在药王谷里平静安稳地度过自己的一生，凭着她不输她师傅的高超本领，会活得风生水起。然而，因为胡斐，她一脚踏入了这滚滚红尘。她为胡斐救人，她为胡斐扰乱权贵的宴会，为了胡斐屡次让自己陷入险境。

胡斐中毒，她本可以袖手旁观，但她却用自己的生命换了胡斐的一条命。她以命换命，静静地在胡斐身边躺下，临死前，还摆下一计，将前来寻仇的强敌逼走。

程灵素不知道，在她死后，胡斐爱上了一个叫苗若兰的女子，只一面，他就爱上了，然后将她放在了心里眼里，纵然她父亲与他有着血海深仇，可他偏偏就是爱了。

雪山飞狐，狐飞雪山，苍茫的大雪尽落雪山之巅，那层层雪花的笼罩下，不知有没有程灵素深深的叹息。

张爱玲曾这样写道："见到他，她变得很低很低，低到尘埃里，但她心里是欢喜的，从尘埃里开出花来。"但是，卑微到泥土里的爱情注定不会有什么好结果。如果将自己一直埋在尘埃里，再也舒展不开，那么纵然侥幸收获了爱情，也不过是南柯一梦，不会有什么好的结局。

一段好的爱情是你情我愿的，如果它变得失衡，纵然你心里再难过，也要选择离开。在一段感情中，往往你有多卑微，对方就有多放肆，他会在心里觉得是你离不开他。你无穷无尽地退让，换来的不过是他的索取和嚣张。

所以我们应该将自己放在和对方平等的位置去享受爱情，站在一个合适的角度去观察爱情。不要为了一些原因放下自己的尊严，在相互尊重的基础上爱情才能成立，否则在爱情的天平上，彼此失衡只会徒留一个人的伤心。

王泽和女友在一起，真的是将她视为了掌中宝，处处迁就她。只要是女友说的，他从来没有不依从的。大晚上女友想吃肯德基，深夜十二点他都出去买。女友想要往东，他绝不说往西。或许习惯了他对她的好，女友从来没有说一个谢字，将一切视为理所当然。

王泽不确定女孩是不是真的爱他，所以竭尽全力地对她好，只想通过自己的努力获得她的真心，然而毕业之后，女友却选择和别人走到了一起。

有的时候，我们为了对方放弃所有，将自己感动得无以复加，而在对方心里，我们只不过是一根难缠的藤蔓，无穷无尽的妥协与付出不会有什么好的收获。所以，我们在一开始就应该保持自我的本色，坚持自己的态度，做最真实的自己。

张小娴在《谢谢你离开我》中说："总有一天，你会对着过去的伤痛微笑。你会感谢离开你的那个人，他配不上你的爱、你的好、你的痴心。他终究不是命定的那个人，幸好他不是。"所以，在爱情中，如果你倾尽全力地付出没有得到对方的重视，没有得到相应的回报，死心是最好的选择。不要陷在过去的温柔里无法自拔，放下所谓的卑微，放下自己廉价的爱情，对着镜子给自己一个会心的笑容。镜子里的你那么优秀，那么美好，并不是离开了对方就活不下去。

或许有的时候你更应该庆幸对方的离开，因为他的离开，才让你看到了更精彩的世界。所以，千万不要爱得那么卑微，不要爱得那么廉价。有爱别全放，有情别全用！要自信，你绝对配得上一份分量十足的爱情！

当有人再问你该如何去爱一个人时，你可以会心地笑着告诉他。留一半的精力去爱自己，剩下的一半让对方来爱我，只有这样，才会收获美好的爱情。

2. 你的执著总是会被轻易辜负

一碗刚煮出来的热汤，如果我们想要太多，盛得太满，那么当我们没端好的时候，热汤洒出来烫在我们手上，烫伤的、疼到的，只会是我们自己。爱情中也是这样，太过执著地爱一个人，总会被轻易辜负。

我们总是将徐志摩、林徽因、梁思成三个人的名字轻易联系在一起，却总是忽略另一个女人——张幼仪。张幼仪本生活在一个富贵的家庭，却没有走进徐志摩的眼里。徐志摩第一次看见她的照片，便用"土包子"来形容。

她谨小慎微，她近乎崇拜地爱着自己的丈夫。她15岁与丈夫成婚，从一个年少无知的少女变成了一个少妇。从一个天真烂漫的少女变成守着活寡一般的少妇，只因了一个徐志摩而已。

徐志摩，是张幼仪的伤，是张幼仪一生的劫。她为徐志摩生下一个儿子，徐志摩走了，走到了属于他的世界。然后，张幼仪便在自己的世界苦苦等候。她以为，这里是他的家，只要她在这里，他们的孩子在这里，他就会回来。

然而，并没有。不是所有的坚持都会有回报，不是所有的执著都能看到希望。

她终于等来了来自大洋彼岸的徐志摩的一封信，他邀她和他住在一起,张幼仪去了。她知道这封信并非徐志摩自愿,或许是因为家长的逼迫,但她还是去了,去得义无反顾。

"我斜倚着尾甲板,不耐烦地等着上岸,然后看到徐志摩站在东张西望的人群里。就在这时候,我的心凉了一大截。他穿着一件瘦长的黑色毛大衣,脖子上围了条白丝巾。虽然我从没看过他穿西装的样子,可是我晓得那是他。他的态度我一眼就看得出来,不会搞错的,因为他是那堆接船的人当中唯一露出不想到那儿表情的人。"

不知道张幼仪千里迢迢赶到丈夫身边的时候,看到他这般态度是什么感受。她会心寒的吧?连日坐船的劳累,也应该比不上她那时内心的凄楚。

徐志摩对林徽因的痴情,引起了多少人的赞美。然而对于张幼仪来说,有多少赞美就有多少残忍。她学着给徐志摩做饭,学着料理家务,试着挽回他的心。然而,不喜欢就是不喜欢,就算她付出了一切,也换不回徐志摩的正眼相看。

在徐志摩和林徽因陷入情网无法自拔的时候,张幼仪怀孕了,然而这个被所有人赞许"深情"的男人却是那么绝情。在张幼仪怀胎两月的时候,徐志摩提出离婚。胎儿生下后,徐志摩递上了一份离婚协议。据说,这是中国史上依据《民法》的第一桩西式文明离婚案。

该是多么讽刺啊,张幼仪一次又一次的付出,换来的是他一次又一次的辜负。她一次次执著的背后,换来的是一次次的失望。她的孩子在这个世界上只活到三岁便离开了。她回忆孩子刚出生时,徐志摩到医院去看小孩的情景。"他始终没问我要怎么养他，他要怎么活下去。"

幸好张幼仪没有就此选择放弃自己的人生，她是个聪明的女子，既然她付出了没有得到回报，那么不如放手。于是她在离婚协议上签了字，带着小儿子，前往了德国。

德国之旅成就了张幼仪，让她重新找到了属于自己的人生。徐志摩提起她，终于带了几分佩服，"C（张幼仪）是个有志气有胆量的女子……她现在真的'什么都不怕'"。

独在异乡，被丈夫抛弃，备受冷眼，年仅三岁的儿子死于腹膜炎，这一切的一切，让张幼仪涅槃重生。涅槃重生的前提是凤凰浴血，张幼仪长大了，她从弱不禁风的小花变成了无所畏惧的铿锵玫瑰，她在自己的世界里熠熠生辉。

所以爱情中不要有太多的执著，不要因为是自己苦苦追求的感情，便毫无保留地去倾心付出。太过执著的爱情，总有一天会分崩离析，在爱情中失去了自己，然后让别人轻易践踏。

适当地收回自己的爱，不要太过执著地去爱一个人，因为我们不知道，那个自己深深喜欢的人，是否也同样深深喜欢着自己。

3. 好的爱情，不是一个人的妥协

《剩女的代价》中有这样一句话："好的爱情不是一个人的妥协，而是两个人的协调。"尽管爱情具有独占性和排他性，但也要给对方一定的空间。用自己的卑微换来的爱情，只会让对方不屑一顾。

如果我们发过去很多条信息却没有收到回复，那就不要再发了；我们的问话对方不想回答，那就不要再问了；如果发现对方有意怠慢，不要再去撒娇卖痴，选择安静地离开，给自己留一份尊严。一份好的爱情，是经营好自己，给对方一个更好的爱人，而不是一味地去妥协。

郭伊和男友在一起，大学毕业的第二年就步入了婚姻的殿堂。男友家里穷，她将所有的积蓄和家里的补贴，全都拿来付了房子的首付。同村的其他姑娘，哪怕是没有念过大学的，都要八万八的结婚彩礼。她结婚，男方家里没有拿一分钱。家里人颇有微词，她却只当耳边风，没办法，谁让她爱了呢？

买房后公公婆婆搬了过来，每天她一下班，婆婆就躺在床上喊腰疼腿疼，使唤着她做饭做家务。她一上班，婆婆就一点事情都没有了。这些她看在眼里，但一直隐忍着任劳任怨。

半年后，她怀上了自己的宝宝，婆婆没有帮她照顾一天，反而和公公商量着回了老家。坐月子的时候，老公就露过一次面，然后再没了人影。就连同病房的人都问，孩子他爸是干啥的，怎么不见过来。

躺在病床上，郭伊开始反思，是不是自己一开始就错了。在爱情中，她一味地付出着，生怕付出少了老公体会不到她的关心，谁曾想，这样永无止境的付出换来的不过是他的不屑一顾。

从心理学上讲，理性的妥协能适当消除"应激反应"，是两个人之间一种良好的合作行为，就好像是两个不同的数字去寻找一个公约数。但是如果这样的妥协变得盲目，那就该进行深切的反思。

于吴和肖果正式在一起已经三年，本来已经准备步入婚姻的殿堂了，但因为工作上的事闹出一系列不开心。

他们的工作本来都在杭州，两人形影不离，工作的时候一起出门，下班回到家里一起做饭做家务。周末看看电影，到周边游玩，日子过得蜜里调油。然而，于吴有个很好的工作机会要调往总部。总部在繁华的上海，临走的前一天，肖果抱着被子哭了一晚上。于吴抱着她，说："我不走了，我哪儿也不去，我就在这里陪你。"

肖果知道于吴的抱负绝不在此，那繁华的大都市才可以施展他的才华。于是她虽心如刀割，还是送于吴离开了。

距离产生的果然不只有美，他与她的时间好像完全是错开的，他披星戴月回到宿舍，她已疲劳地睡下；他要急匆匆离开时，她还没到上班的时间；她生病，他在那边虽然着急，却无能为力；他含情脉脉说了一大堆让她感动的话，过了两个小时，那边才回过来一个字，"哦。"

两个人相濡以沫的爱情变成了每天对着手机打字，终于，当杭州下起大雨，送伞的再不是他的时候，她在手机上打下了三个字："分手吧。"

第二天周末，肖果一直睡到中午，再醒来的时候发现旁边坐了一个人，她眨眨眼睛，起身抱住了不远万里赶回来的于吴。

于吴回来的第二个月，二人注册结婚。直到后来，于吴都暗自庆幸，幸好当初回来了。

在爱情中，妥协有的时候可以起到维系关系的作用。但是一味地妥协，绝不是爱情的最佳出路。要想以爱的名义使我们的婚姻和爱情走得更远，我们就应该在妥协的同时，坚持几条应有的原则：

（1）不要让对方的爱变得懒惰

如果对方很久没有说"我爱你"，很久没有在节日的时候为你送上一份礼物，那么适时地提醒他，不要让他以最近忙、事情多为借口。如果爱，那便让他用行动来证明。

（2）要记得有要求的女人有人爱

在婚姻中，一个女人如果太过强大，那么男人便没了用武之地。记得时不时和自己的老公提一点要求，满足自己的同时也满足对方。曾经有这么一个故事，说是女人总是和男人提各种各样的要求，男人虽然不能全部满足，但总是想方设法地去实现。当女人要离开人世的时候，她对他说："不要埋怨我给你提的要求，当有一天我不再爱你的时候，要求也就没有了。"有要求的女人才有人爱，常常向爱人提一些要求，这是保持爱的一个小秘诀。

爱情是两个人的事情，一段美好的爱情需要两个人来维持。不要把所有的事情都憋在心里，两个人一起面对、一起解决，这样会比一个人苦苦挣扎要来得轻松。

4. 为爱牺牲自我，一点都不高尚

她是她们世界的小公主，她有着爱她的亲人，有着美妙的歌喉，有着别人羡慕不来的一切。但正是十五岁浮上海面的那一次张望，她一眼便看到了在人群中被簇拥着的王子，而那一眼便成了她的劫，足以让她万劫不复。

这里要说的便是美人鱼的故事。

为了那个一眼倾心的男子，为了可以变成人，她任由巫婆拿走了她美丽的歌喉。她喝下了巫婆为她配置的药水，每走一步路，脚便像刀割一般的疼。那样的疼痛彻心间，却依然抵不过看着心爱的王子爱上别的女子。

海巫婆告诉她，若是王子爱上她忘掉自己的父母，她便可以获得不灭的灵魂。然而若是王子和别的女子成亲，她将化作海里的泡沫。她的姐姐们以自己的头发向巫婆换来了一把匕首，只要她可以将匕首插入王子心脏，她便能重新回到海里，重新回到她亲人的身边。

然而，天亮的时候，人们再也找不到美人鱼的身影，船边的海浪上翻起一片泡沫。

童话里的故事总是感人的，但要知道，在这个世界上，如果我们寄希望于委曲求全来获得圆满，那么只会在一次次的失望中，耗尽我们的爱和期待。

在很多时候，过度地牺牲只会让接受者感到愧疚，时刻提醒对方自己所付出的一切。当这份愧疚感过于沉重，无法背负时，也就只能选择逃避。

《月亮与六便士》中，斯特勒夫对布兰奇极尽所能的好，哪怕布兰奇要跟落魄画家在一起，他甚至愿意自己搬离，因为他不忍心看着自己的妻子受苦，但布兰奇却至死也不愿见他一面。

爱情不是牺牲自己换来的，在爱情中最好的心态就是：我的一切付出都是心甘情愿，我对此绝口不提，你若投桃报李，我会十分感激。你若无动于衷，我也不灰心丧气。直到有一天我不愿这般爱你了，那么我们一别两宽，各自欢喜。

袁初在营销公司做总监，一个月三万多元的工资，年终还有分红，然而她在和朋友吃饭的时候，忽然就流泪了。

原来她的男友曾苦苦追了她两年多，两个人好不容易才走到了一起。但是，随着她工作越来越忙，男友觉得她陪自己的时间太少，想让她换一份工作。

袁初很喜欢现在的工作，虽然总是加班，但让她有种成就感和价值感，可是她所有的成就和骄傲被男友反复奚落。袁初心里面很难过，男友一再要求，让她更加无所适从。

一段好的爱情不是一个人的牺牲与妥协，而是两个人共同的努力。人无论什么时候都会有不满意、不知足的地方。如果我们真的牺牲了自己，成全了对方，他们不但不会为此感恩戴德，总有一天，还会以别的借口要求更多，这就是现实。

一段好的爱情是在沟通中彼此磨合的，真正地了解对方到底需要什么。如果不了解对方真正的需求，只一味想当然地牺牲自己，那么结果只会事与愿违。有一个简短的小故事，说是夫妻双方，老公喜欢吃蛋清，老婆喜欢吃蛋黄，但两个人都以为自己喜欢的是对方喜欢的，于是结婚十多年来，老公将蛋清让给老婆，老婆将蛋黄让给老公。有一天老公下班早，发现老婆津津有味地吃着鸡蛋黄，两个人这才发现，原来十几年来，两个人都错了。

在爱情中，需要多沟通，知道对方到底需要什么，然后投其所好对症下药，这样才能真正地解决矛盾。每个人的生活经历不同，思维方式也是不同的，所以在一些为人处世方面自然就有了偏差。另一方面,男性和女性的思维方式也是存在很大差异的。不要想当然地以为,我心里想什么,我不说他也能懂,这样只会让彼此越走越远。

一段好的爱情需要彼此沟通,需要在交流中取得融合,这样才能够很好地走下去。

5. 永远都不要以爱的名义互相折磨

最好的感情,永远都不是以爱的名义互相折磨,而是彼此相伴,成为彼此的阳光。

《不要和陌生人说话》当初在电视台上映时,引起了很大的轰动。冯远征饰演的安嘉和文质彬彬,温文尔雅。他事业有成,对梅湘南(梅婷饰)呵护有加。在众人的钦羡中,两人走向婚姻的殿堂。

谁知,这一切不过是假象,安嘉和爱着梅湘南,却因为小事对她大打出手。

第一次动手,是因为梅湘南对他隐瞒了过去的一些事情。梅湘南没有想到:本以为自己嫁给了一个可以给她呵护、给她温暖的人。谁知那个人竟会以这样的方式去对她,用暴打的方式血淋淋地揭开她旧日的伤疤。

这样的开始让梅湘南感到害怕,但在她心底,她还是深深地爱着嘉和的,所以当嘉和柔声柔气地向她道歉时,她选择了原谅。然而,暴力既然已经开始,接下来的一切,便全然不是她可以掌控得了的。有了第一次，便会有第二次、第三次，然后无休无止。

当两个人再次因为过往旧事发生冲突时，安嘉和的暴虐让关注二人的局外人都感到震惊。安嘉和杀人埋尸，对梅湘南实行变相软禁，把好好的一个人弄得伤痕累累。

湘南被告知怀上了嘉和的孩子，她实在难以忍受嘉和的暴戾，偷偷离家出走，却终于还是被嘉和找到。他诚心诚意对过去的行为做了忏悔，因为腹内孩子，湘南再次选择了原谅，随着他重新回到家中。

然而，事情并没有因为孩子的到来而有所转机。神志混乱的安嘉和再次对梅湘南大发雷霆，一失手，将梅湘南推下了楼梯，当梅湘南从医院醒过来时，她已经永远失去了她的孩子。

安嘉和爱着湘南，却一直拿爱的借口深深折磨着她。湘南或许也爱着安嘉和，所以一而再地承受着。

最后，安嘉和杀人案件真相大白，他以自杀的方式结束了自己的生命，以自杀对过往的一切做了最后的了结，梅湘南终于恢复了自由。

爱一个人是希望她过得好，而不是将她放在身边，纵然是再痛苦也要彼此纠缠。

一段好的爱情，是我通过你可以看到整个世界。悲哀的爱情，是爱上你以后，我看向世界的大门就此关闭，整个世界就只有你。若是爱一个人，那就彼此共同进步，两人一同并肩看云海翻涌，一起看潮起潮落，看这世间最美的景色。

最美的爱情是你跑得很快，而我走得也绝对不慢。正因为你在前面奋力拼搏，所以我无论如何都不会停下前进的步伐。

爱情是两个人的共同进步，而绝非是彼此相互折磨。如果你发现自己的爱情已经陷入困境，该怎样走出来呢？

首先，接受对方表达爱的方式。虽然这样的方式你可能不太能够理解，但也要试着去接受。比如你觉得西餐电影是一种浪漫，他却在回来的时候将自己在饭店觉得好吃的东西打包了一份给你。记得说一声谢谢，然后笑着接受，或许这样简简单单毫无遮掩的爱就是他觉得爱你的最好方式。

其次，善于观察，匹配对方的核心需求，去搞清楚对方需要的是什么样的爱。对方需要的是简简单单一个馒头，就不要费尽心思地去挑选一颗钻石；对方只想吃一颗苹果，就不要辛辛苦苦买最新鲜的梨，尽量不要让自己的爱去绑架对方。

最后，建立长期稳定的爱情框架。当两个人的感情需求相匹配后，就可以开始建立长期的稳定关系。一段感情中，只有两个人地位平等才能长久。

如果两个人无论怎么努力都不能融入彼此的生活，那也不要太过勉强自己，好好地爱自己，尊重彼此，毕竟对方没有出现在我们的世界以前，我们也都活得挺好。

6. "我是为你好"——让对方疏远你的最好借口

在一档节目中曾出现过这么一个故事，一个男孩很爱一个女孩，他经常翻看她的手机，甚至将她的微信、QQ里面经常联系的人全部删除掉，还不允许她参加同学之间的聚会，出门之前要求她告诉自己和谁出去，准备几点回来。

女孩毕业了要去找工作，但只要是和男士有接触的工作，男孩一律拒绝，为此女孩放弃了十几个工作的机会。好不容易找到一份工作，女孩在开会，男孩便打来了十几个电话要求视频。无论是节目的主持人还是现场的观众，都可以看出男孩的爱已经到了病态的地步。

女孩并不是不爱男孩，只不过男孩的爱让她心烦意乱，只想早早结束了这段关系。

我们总以为自己是爱对方的，于是总是期望对方可以按照我们既定的标准去生活，我们以"爱"的名义去绑架别人的意识。在爱情中，希望对方成为我们心目中的样子，觉得这样才能配得上自己，这样的心理是不正确的。学着放下所谓的"爱"，先把自己做好，若是对方真的爱你，也会想方设法去提升自己。

爱情中，能够走到一起是情投意合。但是每个人都是独立的个体，我们每个人都有自己独立的想法，所以不要用爱情去绑架对方，彼此之间足够的自由，才能减少摩擦，才能得到爱情中真正的和谐。

电视剧《翻译官》中，女主人公乔菲身患重病，为了不让自己心爱的人担心，不惜和他说自己已经变心，让他离开自己的世界。甚至为了让程家阳相信自己变心，和前男友高家明配合演戏，装作旧情复燃。

在自己命悬一线的时候，乔菲宁愿选择让高家明陪同去医院,也不要通知程家阳。她只想让家阳以为自己是水性杨花的人,这样才能忘掉自己。尽管后来家阳知道乔菲的苦衷,但还是选择了分手。

"我是为你好",这是非常残忍的一件事情,有时候我们认为的为对方好,其实是剥夺了爱人对我们付出关心的权利。无论是在电视还是生活中,总会看到很多这样的例子。一方有难便瞒着另一方进行分手,选择一个人默默承担。尽管是为了对方好,但这个过程是非常自私的,这就等于剥夺了对方爱的权利。

因为一句"我是为你好",便想要知道对方现在所有的生活状况,让对方事无巨细地汇报过来。小到点餐吃饭,大到职业规划,都想要插手来替对方做决定。然后对方和异性有一些互动,便争风吃醋半天,到头来反而将过错推到对方身上,这样的"为你好",谁都承受不来。

爱情是一种很美好的东西,它常常会让我们失去理智。若想要我们的爱长久,记住不要爱得太满,不要把精力全部投入到爱情里,过满则溢,爱一个人最好不要超过八分。

爱情讲究恰如其分,过犹不及。虽然爱情这个东西容易情不自禁,但爱一个人一定要有所保留。用八分去爱,剩下的两分留给自己。若是两个人的爱情不可能有未来,八分的爱正好给彼此留一些余地和空间。

爱情需要保持适当的空间,干涉对方太多会让对方有压力,有时候我们带着火热赤诚的百分百爱意,可能会将对方吓得落荒而逃。爱情虽然甜蜜,但也经不起长时间的耳鬓厮磨,所以,一定要留给两个人适当的距离和空间。

不要将全部精力投入在一个人身上，更不要想当然地为对方做一些决定，你的爱太多，对方会负荷不住，然后逃之夭夭。将更多的精力放在自己身上，自己变得优秀了，也不用为对方是否会离开自己而患得患失了。

7. 爱可以没条件，但一定要有原则

爱情这个东西，很容易让人变得卑微，稍有不慎，心神俱失。但是一旦陷入爱情，常常是理智输给感觉，骄傲输给卑微。在爱情中，无论有多爱，要记得不要处处委屈自己，别让自己的骄傲被轻而易举地践踏。爱情中，两情相悦固然最好，但若是做不到，宁愿选择一个爱自己的人，也不要选择一个让自己伤心的人，那样才能将幸福掌握在自己手里。

王旭东和哥们一起去吃饭，菜还没上来，人就先哭诉了起来，他大吐苦水说自己失恋了，让一群哥们都深感惊讶。

王旭东是最宠爱自己女友的，为了女友，游戏不玩了，烟也不抽了。女友半夜发烧，他衣服没穿好就陪她去打点滴。他学着做饭、洗衣、扫地。女朋友喜欢旅游，他就把自己手上的项目停掉，陪着女友去旅游。

当初和哥们玩游戏玩到一半时，因为女友的一个电话就匆匆跑了出去，游戏就此中断。带女朋友一起出来吃饭，他殷勤无比，一群朋友就看他对女朋友献殷勤了。

王旭东对女朋友各种迁就包容，只怕她一个不满便分手。然而，纵然是这样，女朋友还是和他提出了分手，原因是他太没有自己的主见。

爱情这种东西，就像是一个跷跷板，也在追寻着自己的平衡。只单方面付出的爱情，是没有结果的，而且也没有幸福可言。

换位思考一下，我们也不会把爱交给一个没有自我、一味卑微的人。对于那些不爱我们的人，不要再把时间浪费在他们身上了。人应该活得骄傲一点，在感情世界里可以放下身段，但不要过于卑微。

魏心仪毕业后在同事的介绍下和梅先生走到了一起，两个人不过在一起短短三个月，魏心怡就已经怀上了梅先生的孩子。

当时由于种种原因，孩子没能要，但是不到半年，她又怀了第二个孩子。魏心仪邀请朋友来家里做客，梅先生第一次和她的朋友一起吃饭，按理说应该好好表现。然而他一进门便坐在沙发上玩游戏，对于魏心怡的朋友一点招待的意思都没有。

在朋友们的帮助下，魏心怡做好了午饭，她将盛好的饭递到梅先生手里，梅先生开始看电视，全程无动于衷，享受得心安理得。没多久，他们领了结婚证，然而日子并没有这么过下去。有一天魏心怡在公司哭诉，说自己老公已经一个星期没见影子了，以前在家，手机从来都是静音。

有天晚上，魏心怡接到一个女人的电话，那女人告诉她，自己怀孕了，请她知趣点。这时，魏心怡才知道为何老公每次和她在一起，手机总是调静音。

但是，让所有人再次大跌眼镜，魏心怡居然原谅了她老公，她总觉得自己老公能够改变。然而，事实证明，一个人如果不爱你，你再如何宽容大度也挽留不住他的心。他拿走了她所有的存款，在孩子出生后，竟然开始对魏心怡实施家暴。魏心怡终于忍无可忍选择了离婚。

有人说，宁愿自己一个人高傲的孤独，也不要和另一个人卑微地在一起。卑微的爱情，结局都不会太平顺。也许曾经开心过，但最后只能如烟花落幕一般化为一地冰冷，回首时发现原来的一切都已烟消云散。

真正值得爱的人，应该是懂得引导另一半的人。他也许不会对你言听计从，而是理性地指出爱情中存在的问题。对于那些善于蛊惑人心的人，如果我们已经迷失，那给自己定个底线，一定要尽量保持清醒，看清楚面前之人的真正面目，不然伤心只会留给自己。

在恋爱中，记住不要作践自己，不要让自己卑微到泥土里，保留自己的尊严，余生很长，记住好好爱自己。

8. 越是委屈自己，对方越不在意

通常情况下，爱情会让人失去理智、奋不顾身、丢盔弃甲。但是，无论如何，我们都会在跌跌撞撞中找到正确的那个人。所以，不要在委曲求全中摇尾乞怜，不要将自己的姿态放得太低，不属于自己的，要勇敢走开。

没有了自尊心维护的自己，也不会再有爱情。卑微是不会让爱情维系多久的,同样,舍弃自尊更不会。

林晴和她男朋友马冉在一起两年,当初是林晴主动追的马冉。据她说,当初第一次见面就动心了,就觉得他是她的真命天子。

然后,过了一个星期左右,林晴便和马冉表白了。这个女孩太过于实在,她完全不懂藏着掖着,完全不懂得爱情这种事情需要迂回婉转,她只知道用自己的方法长驱直入。

他们的交流是在互联网上,直到有一天中午,林晴红着一张脸回到宿舍,脸上还带着隐隐汗迹。她兴奋地告诉舍友,她表白成功了,马冉接受她了!

自那以后,林晴整个人都冒着粉红泡泡,走路像是飘着一般,一提起马冉两个字,眼睛里就带着光,闪亮闪亮的。

别的男女朋友是男的为女朋友鞍前马后,到她这就截然相反起来。无论刮风下雨,林晴都会将满满一壶热水放到他宿舍楼下,让他下楼将暖壶提上去;他不想吃饭,她就订好外卖;他生病了,她一袋一袋地装好药托他舍友带回去。如果不是女生不能进入男生宿舍,她估计都要坐在他旁边,等他吃完饭再走。

马冉和她说,以后结婚了不买车,买车还得找停车场,还不如坐地铁搭公交省事,林晴想都没想就答应了。马冉对她说,以后结婚不用买房,只要租一个地方,工作到哪就把房子租到那就好。林晴看着他乐呵呵地点头。

林晴每天晚上给会马冉发消息,发很多很多,却很少收到他的回复。或许到第二天早上,才能看到一个"嗯"字。他玩游戏玩个通宵,她只是说,你开心就好。她所有生活,都是围着他转,从大二到大三,整整两年。某天深夜,林晴哭着回来,说她失恋了。马冉说从没有喜欢过她,从没有!当初和她在一起不过是好奇和虚荣心而已,他和她在一起,从来都没有谈恋爱的感觉。

她说,我跪下来求他,说我什么都不要,只要能和他在一起就好。但是马冉没有答应,他拉着她的胳膊将她拽起来。他说你看看你现在是什么样子,你心里还有自己没有。你连自己都不尊重,凭什么要我去喜欢你?。

那个雨夜,她怔怔地看着他走得越来越远,她没有伸手抓住他的勇气。就像马冉说的,连她自己都不知道喜欢自己,自己都不知道尊重自己,凭什么要他去喜欢她?她一味地委屈,一味地迁就,换来的是一无所有。

如果一个人爱你,他会愿意去包容你的一切错误,但如果他不爱你,那么即便你做得再好,他都会找借口离开。所以,我们要做的不是去委屈我们自己,去改变自己,而是应该活出自我,不要因为爱而委屈了自己。

记得当初看饶雪漫的小说《离歌》,里面的女配角于安朵出来的次数并不多,但是她的出现总能让人印象深刻。

于安朵被奉为校花,却一次次地用自杀来挽回自己的爱情。当初看到于安朵自杀时,我心里只有厌恶,她凭什么要用这样的方式来阻挡男女主角在一起。直到现在回想时,才慢慢觉得这个女子真是够悲哀。她爱对方,爱到迷失了自己,爱得甚至可以放弃自己生命。然而,她一次次对生命的舍弃,根本不会挽回她爱的人，只能让她心爱的人逃离。

一个"委"，一个"屈"，组成了"委屈"，它写起来实在太过憋屈。在爱情中，与其委屈自己，倒不如放手成全。古龙笔下的凤四娘、苏樱，金庸笔下的赵敏、黄蓉，这些都是绝顶聪明的女子。她们活得潇洒，她们不愿意让自己受委屈，她们在自己的世界里盛开成最美的花朵。

就像古龙笔下的白飞飞，苍茫的大漠中，她留下几句话飘然而去："点水之恩，涌泉相报，留你不死，任你双飞，生既不幸，断情绝恨，孤身远引，至死不见。"她以决然之姿转身离去，何尝不让读者，不让沈浪在心中赞一声好。所以在爱情的世界里，你若是觉得委屈了，不妨后退一步，去看看别处的风景。一直纠缠于此，你的心胸，你的世界，只会变得越来越小。

爱情中不断委屈自己，只会让我们越来越多地发现，我们无路可退。你若盛开，蝴蝶自来。与其在爱情中丢掉了自我，倒不如对自己好一点。

9. 在放手与原谅间设定一个界限

面对婚姻的出轨，无论做出什么样的选择都很艰难。通常选择放手，自己心里总有着不甘心；选择原谅，又觉得太过委曲求全。所以只能将自己放在一个无所适从的位子，不知道到底应该如何去做。

实际上，这正是因为现实中的行为与理想中的行为不一致造成的冲突，这样的冲突会引发矛盾和焦虑。时间久了，两个人的关系不仅得不到改善，反而会让自己的痛苦与日俱增，形成一种恶性循环。所以，我们如果真的遭遇了对方劈腿，当原谅和放手都不是最好解决办法的时候，我们便要选择原谅的界限。

萧瑟当初嫁给林彬时，林彬一无所有，甚至连大学学费都是贷款，真的是穷得叮当响。但是萧瑟义无反顾就嫁了，两个人在一起奋斗了整整八年，从一无所有到后来的有房有车。

本以为日子就这样好起来了，谁知道，一张照片让萧瑟彻底崩溃。她无法接受，但必须接受的一个事实——老公出轨了！看着那张照片，她无法抑制地哭成了泪人。

无论是放手还是原谅，萧瑟都不甘心，她看着干干净净的天花板，不知自己该如何是好。

后来林彬回来，看到萧瑟的面色，又看到她手里的照片，顿时白了面色。那是萧瑟第一次见林彬流泪，那一天，林彬抱着她的腿哭得像个孩子，然后她就知道了事情的前因后果。

老公的公司去了一个新同事，上司吩咐让他带一带这个新来的同事，谁知道这么一带，两人的关系就有些牵扯不清了。他一直避着那个女同事，但那个女同事却始终暧昧不清。

周末聚会，大家伙儿一起去喝酒。酒兴上来，同事们吵着让林彬把她送回家，她喝得走不了路，他只能将她搀到楼上，谁知道这一纠缠，再醒来，两个人居然睡到了一起。

他悔得肠子都要青了，那女人却纠缠着，说她什么都不要，只要就这么陪着他就好。他推开她，披着衣服匆匆离开，手机里却收到一张照片。

林彬握着她的手说:"我从没想过要离开你,也从来没有喜欢过她,那一次真的是一场错误。"

萧瑟看着那张照片,一整晚都没有合眼。她知道,自己身边的老公也是一夜无眠。

若是就这么轻易地选择原谅,他下次再犯这样的错误,她该如何是好?但若是她不原谅,两人的婚姻难道就这样便走到了尽头?

第二天,她顶着黑眼圈对他说:"这一次我原谅你,但若还有下一次,真的就没有以后了。"老公抱着她,她能听到老公重重地舒了一口气,她心下也稍稍有了几分安慰。还好,重视这场婚姻的,不只她一个。

在爱情和婚姻中,没有谁能保证它能永远干净。但对方犯错一次,你便直接将他判为死刑,再不留丝毫余地,那不是正好让那些不怀好意的人得逞?但是,若是他屡教不改,在你面前信誓旦旦,转身便背弃了誓言,那就没有什么原谅的必要。

所以,面对劈腿,若是他态度诚恳,保证以后再也不会犯错,那么我们可以选择原谅。若是他当面一套,背后又是一套,在你面前卖弄着小聪明,那么转身离开,便是最好的选择。

许多时候,我们轻而易举地原谅一个人,其实并不是我们真的原谅了,而是不想就这么轻易地失去。在爱情中,男人总希望女人是温顺的,女人也总希望男人会一心一意。但是有的人却并不会因为你的退让而感激,反而一而再,再而三地去试探你的底线。可以选择原谅,但是一定要有原则。

那么，对于对方劈腿这个事情，我们到底应该如何处理呢？

首先，要先明确自己到底想要什么。如果我们发自内心地想要和对方好好走下去，那么我们就尽量原谅对方犯下的过错。要记得，千万不要旧事重提，未来发生别的事情时，不要将此事拿出来要挟对方。扪心自问，如果我们实在无法原谅对方的过错，那就不用再去勉力维持，早一点放手或许对彼此都是一种解脱。以孩子、家庭为借口，这些都是不负责任的决定。

其次，记得要亮出自己的底线。要让对方明白，对于他劈腿这件事情，我们是有自己原则和底线的，他需要为他的出轨付出他应有的代价。给对方设定一个底线，同时也给自己设定一个底线，如果对方真的还有下次，那就不要再留任何原谅的余地。

在对方知道自己底线后，就不要再拿之前的事情说事了，不要再说一些不信任的话，这样的话说得多了，只会将对方再次推向出轨的深渊。

第三，不要矫枉过正，不要在对方反省完毕后拼命地对他好。如果他因为犯了错而得到你拼命地"讨好"，那么他下一次只会更加有恃无恐。

经历了一次重大矛盾后，需要双方进行正向地互动，这样才可以把即将破裂的爱情重新经营好。

面对婚姻的出轨，我们一定要让对方看到我们在这件事情上的态度，不要让他太过放纵自己，若是他屡教不改，那便按照自己的原则行事。

10. 要像爱对方一样爱自己

在爱情中,很多人不由自主地将另一半视为生命中最重要的人。执意要两个人好得像一个人,认为只有这样才叫作幸福。然而,这其实是一种不正确的想法,也是不幸福的来源。过度地将感情投掷在对方身上,过度地依赖对方,只会让对方感到不舒服,然后逃离我们的世界。

有一句话是这样说的:"杯子里要盛满对自己的爱,溢出来的部分再去爱别人。"如果一个女性坚持用奉献自己的方式去爱别人,可能会常常碰壁。要学会爱自己,每天给自己进行正向的暗示,用积极的精神滋养自己的生命。

邱倩和楚焦在同一个公司工作,楚焦是领导跟前的红人,有才、有财,是很多女性倾慕的对象,邱倩也不例外。

知道楚焦喜欢韩国美女,邱倩便去学习韩式妆该怎么化;知道他喜欢骨感型的美女,她便一天只吃一顿饭,每天忍着饥饿再去跑三公里;为了让他可以吃好饭,邱倩刻意买回一本本菜谱回家练习。

就这样邱倩终于吸引了楚焦的注意,两个人走到了一起。但是在爱情中,邱倩总是小心翼翼的,无论做什么都要看楚焦的反应。感觉到他稍微有些不愉快,就终止了自己的谈话;感觉他有些不开心,就无所适从不知道该如何去做。

时间长了,两个人的爱情中总是习惯性地由邱倩一味付出,楚焦将她做的一切视为理所当然。朋友们都劝邱倩，说她没有必要为了他委曲求全，邱倩却总是笑笑不说话。然而就这样两个人在一起两年后，楚焦还是和邱倩提出了分手。

冰心说："男人活着是为了事业，女人活着是为了爱情。"男人为了事业打拼，所以随着岁月的增长，他们事业有成，越发有了魅力。女人为了爱情生存，随着年迈色衰，她们还剩了什么？

女人是要拿来宠的，若是没人来宠，那就自己多宠爱自己一点。父母给了我们生命，给了我们能给的一切，不是让我们将所有的尊严踩在脚底，去讨好另一个人。那样他们该有多伤心，所以我们要学会爱自己。

那么，我们该如何学会自爱呢？关于自爱有几种方法：

（1）不要过多的自我责备

有些人生活在问题家庭，他们习惯从负面的角度去评价自己，他们自小在压力中成长。他们经常会进行一些消极的自我暗示，比如"坏孩子""笨孩子""真没用"。

在这样的情况下，要学会自己给自己创造"有价值"的感觉。要知道我们只不过是凡人，刻意地追求完美只会给自己带来很大的压力。要学会看到自己的不同之处，每个人在这个世界上都是独一无二的。如果我们经常责备自己，那就将自己的优点隐藏得没了踪影。

（2）耐心地呵护自己

每个人的心灵都需要呵护，如果我们的心像一块荒芜的园地，里面只剩了恐慌、焦虑，那么我们一定不会走得太远。如果去除了这些丑恶的东西,精心呵护,那么一切都将变得非常美好。

学会容忍自己的失误,要知道失误是一件很有价值的事情,不要因为失误而去惩罚自己。

(3) 照顾好自己的身体

身体是革命的本钱,无论做什么,一定要照顾好自己的身体。可以有意识地去寻找一些养生食谱,或者健身的方法,找到自己喜欢的锻炼方法,积极地去锻炼。很多时候,我们受别人影响太多,总是给自己一些消极的暗示。因此在锻炼的时候应该自我暗示一些积极思想,这样会帮助我们清除有关身体和体形的消极思想。

(4) 从现在开始爱自己

我们不能改变别人,那我们就将时间投放在自己身上,当我们改变了自己,别人自然会对我们有不一样的回应。

一个不爱自己的人,最关键的原因是对自己不满意,爱自己不是一味地进行心理暗示,说什么"我很爱自己"。这样的做法不但愚蠢,而且并不会起到什么关键的作用。我们要做的应该是在某些领域下努力提升自己,设定自己的目标。当一个个目标达成的时候,自我满足感自然也就提升了,这样的自己也没有什么理由不爱了。

学会爱自己,不要在感情中一味讨好别人,一个人如果连自己都不爱,该如何去爱别人呢?

第七章

拒绝为难你的人，
别让不好意思害了你

1. 你有没有拒绝别人之后，感觉很内疚

刘心武曾说："人的尊严，在于必要的拒绝。"但是，在日常生活中，我们对拒绝别人总是感到十分的为难。不管对方的请求有多么不合理，和对方说"不"，总感觉很愧疚。在这样的情况下，我们应该明白，我们不可能帮别人做所有的事情，我们不可能满足所有人的愿望。我们应该学会适时地拒绝别人不合理的要求，然后告诉自己：这不叫自私，这不过是维护自己应有的权益。

同时我们也要懂得，我们身边的人很多，取悦所有的人是不可能的。我们需要在一些地方划清界限。尽管我们所划的界限可能会让别人失望，会让别人不开心。但是换一种方式来想，若是我们自己都不能坚持自己的立场，如何让别人来尊重我们。

小品《有事您说话》里的郭冬临，希望别人把自己当回事，天天晚上卷着铺盖到火车站排队给那些不认识的人买票，结果吃力不讨好，经常把自己搞得焦头烂额。老婆埋怨不说，就连自己费尽心思讨好的人也都有了怨言。

在心理学上，把这样没有自我地帮助别人的现象叫作"助人者情结"，主人公往往会通过帮助别人来感觉自己的存在。这些人一旦没有得到对方的感激，往往会让自己陷入巨大的失落。

有这种情结的人自己不爱求人，又总是害怕对别人说"不"。当自己对别人说"不"时，会引发自己内在的焦虑，然后会换一种方式去讨好人。有时候别人本来没觉得什么，但经过这样的讨好，反而可能真的觉得你欠了他的。

程俊快要下班的时候接到了同事林孟成的电话，电话里面林孟成一直请求程俊再帮他一把，希望他可以写个新方案给客户，客户在那边已经催了他好久，失去这个客户会损失很大。程俊在电话里犹豫了好久，不是他不愿意帮忙，一个月以来，他已经做了太多自己分外的事情，常常加班加点把自己搞得心力交瘁。到底怎么办呢？答应下来自己实在太难受，不答应又该怎样去回绝呢？拒绝了会不会失去这个朋友呢？好朋友间确实应该互相帮助，但是好像这种帮助没个底线、没个终点，程俊很是纠结。

对于这种情况，一些直性子的人会直接说"不"，选择让别人难受，让自己舒心。但这并不是最佳的拒绝方式，因为不留情面的拒绝往往会让彼此连朋友都没得做。那么我们该如何做，才能不得罪别人，也不让自己感到内疚呢？

首先，要认真听取别人的诉求。

无论做什么决定，都应该认真地听对方的诉求。只有让对方把情况讲明白，才能知道该如何帮助对方，绝不是对方刚一开口，就立马将对方的话回绝过去，这样只会造成两个人的尴尬。"倾听"让对方有被尊重的感觉，倾听完之后可以再委婉地表明自己的立场，这样才能避免给对方造成伤害。

其次，要学会温和地说"不"。

如果我们无法去帮助别人，应该学会温和地说"不"。就好比同样是药丸,外面裹上一层糖衣,就会比苦涩到难以下咽的药更好入口。温和地表达拒绝,会比直截了当的拒绝更容易让人接受。在温和地拒绝后,对方往往会想知道理由,将你的理由告诉给他,总比一句话不说造成误会要好得多,这种方式也更容易让人接受。

第三,选择事后关心。

一件事情,并不是说拒绝完了就完事了,应该在事后给对方一些关心。如果我们能化被动为主动,让对方了解自己的苦衷,就可以更多地减少尴尬和影响。适时地表达我们的关心,可以不让对方觉得自己孤立无援。

最后,拒绝后不要心怀愧疚。

一个人的成长总会遇到很多拒绝,不要因为一次拒绝别人就心怀愧疚,然后想方设法地在其他方面进行弥补。要知道拒绝是一种常态,我们应该在心里接受它,然后和别人相处起来才能自然。如果我们因为一次的拒绝就表现得畏畏缩缩,像做了亏心事一样,那别人也会心存不满,从此关系疏远。

所以,试着改变自己的思维逻辑,将合理的拒绝看成人之常情,没有必要感到内疚。给自己营造一个舒适的交往空间,无论对人还是对事,保持一颗平常心。不要对别人有太大期望,如果有些人因为我们一次的拒绝就远离了我们,那么这样的朋友也没有必要珍惜。我们应该对他们的远离感到庆幸。

拒绝别人是生活工作的常态,不要愧疚,试着去掌握技巧,把握分寸,给彼此一个台阶。有能力时伸手帮别人一把,没能力时做好自己分内的事情。

2. 太好说话的人，多半没有好下场

很多人有一个错误的认识，认为只要自己小心翼翼地去在意别人的看法，暂时牺牲自己的利益，就能获得别人的喜欢和称赞。然而时间久了，却发现纵然自己全心全意为别人付出了，却依旧不能收获别人的感激和喜爱，反而常常换来别人的轻视。

所以，与其花大量的时间去讨好别人，倒不如自己踏踏实实去做一些事情，只有自己努力了，回报才真真切切看得见。如果什么事情，别人一找你，你就答应下来；什么东西，别人一给你，你就接受，慢慢地，你会失去自己的原则。拒绝，有时候可以让你变得更加珍贵。

裴丽是家中的长女，下面还有两个妹妹，她的父亲很早就过世了，只留下了妈妈和她们相依为命。在裴丽很小的时候，就知道应该要帮妈妈干活。

等到了两个妹妹上大学，家里的压力更大了，那时裴丽在读研究生，两个妹妹一到了没钱的时候，就开口问她要，裴丽就赶紧把钱给她们寄过去，哪怕自己缺吃少穿，也不愿委屈了两个妹妹。

因为习惯了这样的生活方式，在工作之后，她的上司常常将工作分配给她，她心里再不情愿，也还是硬着头皮接受。所以裴丽的每一天都过得筋疲力尽。

很多的时候，我们绝大多数人没有意识到，自己收获的结局，常常是自己造成的，正是我们一而再、再而三地退让，才

使自己成了别人眼里的弱者,才造就了自己这样的结局。所以,如果不是心甘情愿地做老好人,想要摆脱自己面前的困境,就不要再忍气吞声,不要毫无原则地放弃自己应有的利益,要勇敢地去维护自己正当的权益。

做一个善良的人,应该是我们所有人的目标,但是没有原则的善良,一味地忍让和付出,只会变得害人害己,不仅给自己带来伤害,同时也将对方纵容得贪得无厌。

钱旭是一个很随和的人,平时大家有什么需要他帮忙的,只要他做得到,就立马答应。比如周末休息,说好了要陪着家人一起去玩,同事一个电话打来要他帮什么忙,他立马就答应了。

几年前他们家买房子,想着不要贷款一次性付清,东拼西凑还差三万块钱。没办法,和一个关系很好的同学开口借钱。那同学说了一堆好听的话,说自己很想帮忙,但实在是拿不出来,反正最后的意思是没钱。钱旭当时心里很纳闷,这个朋友常常说他们家条件好,每天晒这个晒那个,怎么三万块钱就拿不出来?最后钱旭实在无奈,找另一个朋友搞定了。

钱旭在心里给那个同学找着理由:说不定是他当时没钱,并不是真心不想借给自己。但是没过几天在一次吃饭的时候,朋友的老婆向大家炫耀她手上昂贵的钻戒,说是老公刚给她买的结婚纪念礼物。

无论做人还是做事,不要总是什么都替别人着想,却完全不顾及自己。时间久了,你身边的有些人便会觉得,你所做的一切都是应该的。渐渐地,他们便不会再去考虑你的感受,当你遇到麻烦时,这些人也不会真正去帮你。即使有一天你累了,再也支撑不住了，他们也不会去心疼你、同情你。一味地迁就只会将那些不知感恩的人惯得无法无天。

人性当中有很多不好的东西，《读者》中有篇文章这样写道：有个人在他每天上班的路上都能遇到一个乞丐，他慈悲心发作，每天都会给他几便士。但是有一天，这个人失业了，遇到这个乞丐时，他没有将钱给他，谁知道这个乞丐竟然勃然大怒。有的时候，我们必须正视人性的复杂和恶劣之处，当你习惯性地对一个人好，而对方也将你对他的好当成理所当然的时候，你一旦收回，对方没有感激不说，反而觉得是你亏欠他的。

一个人的空间是有限的，只有扔出去一些不必要的东西，才会有更多美好的东西进来。不要让我们的善良变得太过廉价，而应该让我们的善良变得更有价值。

3. 取悦于人的隐藏代价

布莱柯在《讨好是一种病》中提到，人们对于讨好有一个误解，就是常常认为讨好是一种良性的心理状态。看起来，被当成好人总是不错的，但是，有一些人对来自他人的认可和赞赏成瘾，常常借着"做个好人"的名义，无原则地讨好别人，不惜以牺牲自己的时间为代价。当讨好无法得到预期中的赞赏时，他们便可能进入被动攻击的状态，也可能继续更加用力地讨好，直到引起别人的不适。所有的问题都指向一点：讨好者已经迷失了自我，他们无法从真正意义上相信自己。

毕淑敏在《不要总想表现得比实际情况要好》中写道：

"我们把一个不真实的自我呈现在别人面前,并以为这才是可爱的,才是有价值的。而那个真实的自我,则是上不得台面的残次品,是应该被掩藏和遮盖的。"

毕淑敏认为若我们隐藏真实的自己,去扮演一个被人喜欢的角色,时间长了就会变成一个"分裂"的人。她以自己为例子,年轻的时候,她总想表现得比自己真实状态更好一点,便不由自主地想要作假。明明不快乐,却要表现出欢天喜地的兴奋;心里对领导有意见,却故意在领导面前卖力工作;在会议上明明心里有着不同的意见,因为不想特立独行,便放弃主见,随波逐流。但其实,无论再怎么遮掩,彼此之间的不和谐大家都心知肚明。

后来,她决定要以真实面貌示人,认为没有必要取悦他人,委屈自己。这样做了以后,她本以为机会虽然会少很多,但这一生能活出一个真实的自我也挺好,纵然是付出再多代价也认了。却没想到,反而多了朋友,多了机缘。

韩梅在外企工作了三年,她的人际关系很好,对于别人请求的事情,她都是能帮就帮了。可是眼看着别的同事一个个高升,自己却没有一点动静,她心里不免有些着急。一次培训课上老师听了她的讲述,针对她的情况给她安排了一节课,让她受益匪浅。这课的主题是:让自己成为一个果敢的女人。

培训师告诉她:要在自己的心中筑一道墙,这道墙便是防线。在这道墙以内,她是安全的,完全可以不用看别人的脸色行事,不用害怕得罪别人,而且,这道墙还可以抵挡别人的闲言碎语。

上完这节课,韩梅恍然大悟,受欢迎本来是一件好事,但要做到时时刻刻让别人喜欢,这是不可能的。每个人都有自己的权益,我们不可能在任何时候都损害自己的权益去满足他人。

回到公司,她第一次大胆地向冒犯自己的人表示了强硬的态度,弄得对方手足无措。渐渐地,她发现,没有人再敢将她视为"软柿子",她专心做好自己的事,不再为处理人际关系发愁,过了半年,因为能力出众,韩梅升职了。

有些人执迷不悟地对别人的认可上瘾,为了让别人认可自己,从不表现出自己的愤怒和不悦。我们把这种强迫的,甚至成瘾的行为模式叫作"取悦症"。

取悦症实际上是对消极情感的恐惧。过分取悦别人是一种泛滥的善良,付出的是要自己一个人来承担的高昂代价。一个人如果太过顺从,连自己的权益都不能为自己争取,只会让别人欺负。

若想要摆脱取悦别人的习惯,只有从源头去发现自己是哪种类型的人,从根本上解决它,才算真正地解决了问题。

理论上讲现实生活中有三种类型的人会想方设法讨好别人,针对这三种类型的人,我们一一提出解决的方法。

其一是认知型好人。这种类型的人是只有取悦别人时,才会对自己产生一种心理认同。他们争取让每个人都去喜欢自己,只有讨好别人,自己才会开心。

其实,讨好别人并不会对自己有多大的好处,不如将讨好别人的功夫放在提升自己身上,自己本身的实力提升上去了,自然没有人敢小瞧了。

其二是习惯型好人,这种情况是习惯为别人付出,习惯为他人做太多,而几乎从来不说"不",很少去麻烦别人,经常让自己在帮助他人中变得无力招架、疲于应对。如果是这种情况，应该把努力的重点放到打破取悦别人的习惯上。

对于这样的人，要试着去拒绝别人，对于别人的请求先在脑子里想想自己是否可以做，不能做的就要去拒绝，而不是别人刚一提出来就一股脑地全部答应。

其三是情感逃避型好人，这样的症状主要是不想因自己的拒绝引起别人的恼火，为了逃避令人害怕和不安的情感导致的。这种类型的人只要是想到会和别人有冲突，就会主观地进行退缩，更不要说真的和别人有什么冲突了。

对于这种类型的人，应该进行心理疗法。一味地妥协并不会获得什么，只会让自己遭受更多的不尊重。要明白，纵然是发生冲突，通常也并没有我们想象中那么可怕，让自己变得强硬一点才是正确的解决方式。

苏芩说："宁可孤独，也不违心，宁可遗憾，也不将就。能入我心者，我待以至宝。不入我心者，不屑敷衍。"取悦别人的时候想想是为了什么，如果知道自己的目标是什么，知道自己要走的路是什么，你会发现，很多时候取悦别人是毫无意义的，当然若是在你心里认为取悦别人对你人生目标的实现有意义、有帮助，你的内心自然就会为你做出选择，这也就无须迷茫了。

4. 不懂拒绝，事情多到做不完

台湾有一位著名媒体人说："学会拒绝那些不需要的事，也许你会有更多的时间来做更重要的事情。"当然，这并不是告诉我们，对别人的需要，都要毫不留情地选择拒绝，而是我们的帮忙，一定要提前确认在自己的能力范围之内。

在我们的工作中，我们并不是靠给别人帮忙来证明自己的价值，而是依靠我们自己的工作能力。如果我们将大把时间花在别人的事情上，我们便没有精力来提升自己。所以在我们自己的工作还有很多没有完成的时候，对于别人的请求我们不想做也做不了的时候，一定要学会拒绝。

林东刚进公司，什么都不太熟悉，但对别人的请求却是有求必应，希望可以找到自己的存在感，但谁知，没有找到所谓的存在感不说，挫败感、疲劳感却频繁来临。

临近周末的时候，有个同事让他帮忙做PPT，说他周末有别的事要忙，林东对做PPT这个事情并不擅长，但他又怕同事觉得自己无能，只好硬着头皮答应了下来。一整个周末，林东都在考虑要怎么设计主题，怎么处理框架，怎么改换背景，一边查询百度，一边完成工作。直到凌晨一两点还在处理PPT的事情。

到了周一，林东把好不容易完成的PPT交给同事，同事看了半天，吸了一口气说："算了，我重新做吧。"说完也没看林东一眼，忙着做PPT去了。

这样的经历很多人都有，硬着头皮答应自己能力以外的事情，将自己搞得筋疲力尽，结果反而将事情搞砸，自己也没讨到半点好。如果我们在别人一开口提出请求时就说："对不起，你的工作我暂时不太熟悉，做出来恐怕不能达到你的预期，还是你自己做比较稳妥。"这样，可能当时不太好意思，但能避免盲目答应后所造成的后果。

身在职场中，我们应该明白两个事情。第一，应该明白在公司将自己的事情做好这是最重要的，帮助同事那是次要的。如果将自己的本职工作丢掉去帮助其他人，不过是舍本逐末罢了。如果我们连本职工作都做不好，如何赢得更多的发展机会。第二，要明白，物以稀为贵。太过廉价的帮助，不会引起别人的好感，只会让别人不去珍惜，这是人的本性。没有哪一种制度规定我们帮助别人越多得到的就越多。

所以，面对别人的请求，我们一定要学会拒绝，当然不可能不近人情，全部拒绝，但也不能全盘接收来者不拒，我们要视情况而定。那么，我们应该怎样"视情况"而定呢？

首先，应该先判断事情的轻重缓急。如果对方求助的事情会对他造成很大的影响，而且对方请求我们做的又在我们能力范围内，那么，这样的忙一定要帮。尽管在短期内会对我们的利益造成一定的影响，但这不应该成为我们主要考虑的内容。如果对于别人火烧眉毛的事情我们都不痛不痒拒绝了，失去的只能是人心。

其次，可以看看对方的求助事项是否合理。如果十多年不见的老朋友突然要借几万元，如果一个整日以赌博为生的人提出要借钱翻本，这样的忙一定不能帮。对于不合理的请求不用考虑直接拒绝。能对我们提出这样请求的人，会为难我们的人，绝对不可能是我们真正的朋友。这样的社交关系，也没有必要去维护。

最后，如果我们的时间精力允许我们去帮助别人，我们可以去帮，如果对我们造成困扰，可以和对方说，我现在手头有什么什么事情，需要多久弄完，你如果不介意的话，可以等我两天。将实际情况告诉别人,如果真的帮不了对方,解释自己的理由,同时表示歉意,只要我们能够说明白,任何一个正常的人都不会因此对我们有什么怨言。

按照这样的方式去处理别人的求助,不会引起别人的反感,反而会让我们越来越受欢迎。

我们要明白的是,我们在别人心中的地位并不取决于我们帮了他们多少忙,而是我们自身能力的高低。如果我们竭尽全力帮别人,却没有得到别人丝毫的感激,还不如用这些时间好好提升自己。不要老是通过别人的认可来寻求一种自我满足感,自己认可自己了,便无畏他人。

5. 令你为难的事,越早拒绝越好

喜剧大师卓别林曾说,学会说"不"吧,这样你的生活会美好很多。尤其是让你为难的事情要提早说"不",拖得时间久了,不但不会获得对方的感激,而且还会让双方都心生芥蒂。

然而,大多数时候我们在拒绝别人时很容易产生"不好意思"的心理。正因为这种心理,使人们难以把拒绝的话说出口。因为这样的矛盾,造成态度上的欲言又止、优柔寡断。结果我们就会觉得活得很累,很容易丢失自我。所以,与其让彼此都痛苦,还不如尽早做出决定。

祁红吃苦耐劳,头脑又灵活,是村里面第一个在市中心买房的人。可是自从买了房子之后,麻烦就来了。几乎所有的亲戚和关系好的邻居都把她市里的家当成了自己的家。

大家要去市里逛街,中午饭一定会在那里吃,有什么生病、考试之类的,一定会在那里住,完全把那里当成了临时旅馆。祁红做自己的生意平时很忙,有时候忙起来连一口水都顾不上喝,常常是吃快餐的。然而亲戚朋友来了,还得搭伙做饭。

时间长了,祁红便烦恼了,自己辛辛苦苦赚钱买房,和他们一分钱关系都没有,为什么他们来住了不算还得贴钱招待他们,结果还落不下一点好。她心里面有了抵触,对那些来的客人就没有了太大的热情,往往就多了几分应付。就这样,亲戚们的意见也就越来越多。

过年聚会的时候,有人当面抱怨:"人家现在是城里人,忙着赚钱,我们这些穷亲戚,人家哪里会看在眼里啊。"祁红更加苦恼,早知今日会是这样的局面,当初就不应该去费心招待他们。

违心答应别人的要求,然后逼自己去履行,只会消磨掉自己的耐心,牺牲自己原本的生活。本来想维护的关系没有维护好,反而加速了关系的消亡。所有关系都建立在相互体谅的基础上,任何勉强自己的行为,往往都不会坚持太久。

在生活中,如果说拒绝朋友、同事还相对比较轻松的话,那拒绝上司,就更加困难了。有的人对上司的要求来者不拒,从来都是任劳任怨,以为只有这样才是好员工。但如果接下来的工作并不适合你,对你以后的工作也没有什么积极的作用,这时你不顾自己能力承接下来的任务,只会成为自己的枷锁。

裴红红在公司以老实著称,老板让她出差去催一笔款项。裴红红天生不善和人打交道,这样的事情交给她,真是有些太为难她了。想要拒绝老板,但她又没有勇气,只好硬着头皮接下了这个活。

到了地方,对方热情地招待了她,酒桌上要她喝酒,但裴红红坚持自己的原则,一口都不喝,让对方下不来台。对方一气之下,编个理由让她走了。回到公司,老板也很生气:"我们这是工作,不是游戏,如果你办不到,为什么要答应?"

所以说,在为人处世中,在工作生活中,该答应的时候应该要答应,该拒绝的时候就一定要拒绝,对于那些让自己为难的事,就不要应承下来了,应承自己做不到的事情就是给自己添麻烦。

当然,拒绝总是有一定难度的,尤其是面对自己的上司,一个"不"字是很难说出口的,所以,拒绝上司也要掌握相应的"技术"。

比如说,你的上司欣赏你,安排给你一个新的职务,但你觉得这样的职务并不适合你,这时,马上拒绝上司是不合理的,这样只会让上司下不了台,尤其是当着别人的面回绝上司。你可以对上司说你要考虑一下,之后再去解释这份工作自己不能胜任。要和老板进行正面沟通,真诚地陈述自己的理由,绝对不要去逃避,到处找借口。上司听完你深思熟虑的理由,会更加觉得你是一个负责任的人,会更加地信任你。

让你为难的事要学会去拒绝,勉强地去做自己不喜欢的事情,结果也一定不尽如人意。所以,既然要选择拒绝,早一点拒绝总比晚一点拒绝来得更加舒心。

6. 勇于对职场性骚扰说"不"

中国青年报社会调查中心联合问卷网对将近3000名职场女性展开了一项问卷调查,有30%的职场女性受到过职场性骚扰,60%的人遭遇过肢体上的故意触碰,50%遭遇过电话口头上的挑逗性暗示,这其中有一半的性骚扰是来自上级。

职场性骚扰已经渐渐成为潜规则的一种方式,有人敌不过诱惑,逆来顺受。有人惧怕权势,忍气吞声,有人忍无可忍,曝光于众。

有人说接受程度越高的女性在职场上发展越好。很显然,这是错误的,世上没有不透风的墙,一旦东窗事发,受伤的只能是自己。选择隐忍是最糟糕的一种处理方式,每天承受着自己不愿承受的,内心永远在拉锯、纠结,只会让事情变得越来越糟。

所以,一旦遇到了性骚扰,一定要一开始就拒绝对方,告诉对方:你的行为是错误的,请停止你的行为。同时也要记得留下证据,以便日后维护自己的利益。一般情况下大多数人在被拒绝后会终止自己的行为,但如果没有取得好的效果,可采取法律途径来解决。

木婉琳是一名护士,现在32岁,八年前刚参加工作时,受到同科室医生的言语骚扰。同事利用医书,详尽描述女性器官,并肆意猜测她的隐私。几年后接受采访时,木婉琳回忆当时的感受,她反复使用的词汇是"觉得很恶心""感觉像吃了苍蝇"……

面对性骚扰时，任何的沉默和顺从只会让骚扰者更加猖獗，只有勇敢发出自己的声音才能让那些心存侥幸的人受到法律的制裁。有人说，一个社会是否文明，取决于女性的尊严是否得到了维护。所以面对性骚扰，一定不要沉默，勇敢地对那样的行为说"不"。

路易斯到明尼苏达州的一个矿上工作，她是这个矿上的第一个女性员工。在工作中，她不断受到骚扰，男同事们经常当面说一些黄色笑话，甚至有工头在电梯对她强吻。开始她有些难为情，也怕被解雇就没好意思讲出来。但后来情况越来越严重，她向管理层反映情况，却没有引起重视。直到后来，她提起上诉，正式启用"性骚扰"这个词，经过长达11年的上诉，终于胜诉。她获得了将近100万美元的赔偿。

这就是美国的第一例"性骚扰"案件。

2005年，《中华人民共和国妇女权益保障法》修正，"性骚扰"首次入法，规定禁止对妇女实施性骚扰。而国内，被骚扰的对象无论是男性还是女性，起诉至法庭的案件相对还比较少。在国外，尤其在美国，职场有两大雷区不能逾越。一是歧视，二是性骚扰。一旦有人遭遇性骚扰的举报，公司会立马启动调查程序。如果行为被坐实，公司会立刻开除骚扰者，终止行为。如果员工因为这样的行为被开除，那么就意味着他的职业生涯就此终结。

国家立法对人民的权益进行保护，有效维护了人民自身的利益。但更多的时候，还要靠自己。那么在我们日常工作生活中，如何更有效地避开所谓的职场性骚扰呢？

（1）穿着要庄重

职场女性在穿着打扮的时候，要把握好自己的分寸，不要穿那些太过性感、暴露的衣服，比如超短裙、露脐装、低腰裤等，这些都有可能让别人产生想法，尤其是同在一个办公室的人。女性应该尽量穿得落落大方，将敏感区尽量好地保护起来，避免其他人产生冲动的想法。

（2）尽量避免和异性独处

和异性相处时，尽量选择人多的地方。对于那些莫名其妙的酒会要保持谨慎，出门在外不要过多饮酒，以防神志不清，让自己吃了亏。

（3）巧妙地拒绝骚扰

面对一些口头上的性骚扰，女性可以以巧妙的方式拒绝。比如以幽默化解，或者表示自己已经有男友。如果遇到了强硬的上司，则需要尽早表明你的不可侵犯。

（4）提升自己的实力，用实力说话

在职场中，要把自己的实力提升上来，让对方第一眼看到你的实力，你的实力和对方旗鼓相当，甚至强于对方，对方自然不敢将目标锁定在你的身上。

对于那些始终纠缠不休的骚扰者，要积极地搜集证据，比如将对方发来的信息进行截图，以此作为要挟，要求对方收敛言行，以便日后诉诸法律，也可以最大可能地维护自己的利益。

遇到职场性骚扰时不要怕，一定要敢于直面，抓住证据，适时寻求合理的帮助，彻底解决职场性骚扰。

7. 朋友借钱，这个可以"拒绝"

朋友借钱，这从来都是一个极度敏感的问题，朋友之间应该有一个清醒的认识，那就是在经济上不要有太多的关联。如果在钱上有太多的联系，那就属于额外的关系，总会给彼此的友情多了几分限定。有句玩笑话叫"谈钱伤感情，谈感情伤钱"，这并不是空穴来风，所以朋友之间最好不要有太多的金钱交往，一旦处理不好就是友情的终结。

日本有句谚语："借钱给朋友，容易失去金钱和朋友。"当然如果我们很富有，力所能及地帮助别人是应该的，如果我们经济也不是很宽裕，又有人提出借钱，我们还担心对方还不回来。这样的情况下，我们应该合理地表示拒绝。

陈君瑞和郝汉生在学生时代是好朋友，在学校时形影不离，没结婚以前也经常在一起吃喝玩闹，是很好的哥们。然而两个人都成家以后，两个人之间来往就少了。一天，郝汉生打电话给陈君瑞，说是问他借一些钱，要筹钱给妻子开发廊。陈君瑞说多的没有，只存了五千元，于是陈君瑞便去银行取了钱给他送了过去。现金交给他们夫妻时，小两口都很感激，陈君瑞说都是朋友，客套什么。

后来，尽管经常路过那里，陈君瑞却从来没有去剪过头发，一来怕影响他们生意，二来怕双方觉得尴尬。一晃六年过去了，郝汉生当了官，每天坐小车上下班，出来进去都是大酒店。陈君瑞觉得自己矮他一头，从来都是绕道走，偶尔碰上，对方也从来不提还钱的事。

直到最近,陈君瑞单位集资建房,按条件他有份,但手里钱不够。陈君瑞想到了郝汉生,于是打电话向他求援。当天晚上,郝汉生将钱送了过来,红包里却只有四千。

直到后来,两个人再没有见过面,连电话也没有怎么打过。

犹太人总结出这么一个规律:在遇到风险的时候,肯冒着巨大风险向你伸出援手的人,往往不是你对他有恩,而是他对你有恩,甚至他曾经为了你付出了相当大的代价。这条规律在现实生活中也一样适用。如果你对一个人付出太多,对方只会一有事就立马想到你,如果你竭尽全力满足了他一切的要求,他会认为这是你应该做的,到你需要帮忙的时候,他却不一定能向你伸出援手。因此,为了避免这样的关系,一定要"捂紧"你的口袋,对那些动不动就向你借钱的人保持警觉。

当然如果是朋友家里真的出了大事,比如红白之事、买房大事,这样的情况可以尽我们最大的努力去帮忙,这样的情况如果拒绝别人,在人情上很难说得过去。以后的路很长,要学会随机应变。

对于那些不想借的人,拒绝的时候千万不要回复"和家人商量商量再说",这样的说法只会让对方觉得是你不愿意帮他。如果因为其他原因,你打算将钱借给对方,那就要做好收不回来的准备。

对于如何拒绝朋友的借钱,这里有一些小妙招可供支取:

(1)坚持救急不救穷

每个人都有因为急事需要用钱的时候,当亲朋好友真的遇到了困难,伸手帮助一把是应该的,患难见真情有它的道理。

但是如果有的人经常向人借钱,这个时候就不应该借钱给他了,他们的生活方式有问题,总不能要别人来承担。如果你手上余钱过多,可以考虑直接援助他一些小钱,当然这是送钱的范围。

(2) 直接装穷法

就说钱被套牢了,或者自己的钱用去做投资,现在现钱不多。当想要拒绝别人的时候,理由只有一条,那就是没钱。一般情况下,对方是能认同的,因此可以相信你的苦衷,自然会放弃去说服你,并觉得你拒绝自然有你的道理。

(3) 坦诚相待,借少不借多

如果遇到朋友借钱,而你实在无力帮忙,一定要坦诚地说明情况。遇到难以拒绝的事情,别人要和你借一万元,你可以说目前只有一千元,你就借他一千元,这样也不会伤害彼此的感情。

(4) 不要答应别人再反悔

如果你一开始就不想借钱给他,就不要答应下来,答应下来再反悔,只会让对方失落,然后产生别的想法。也不要盲目编理由拒绝,随便编出来的理由如果有一天被拆穿,两个人面子上都过不去。

最后,需要注意的是,如果总是有人问你借钱,你便应该反思:是你平时的行为让对方觉得你闲钱过多,还是你这个人太好说话?遇到借钱的行为,先不要一味冲动地说借还是不借,先考虑自己的实际情况,再考虑对方的情况,力所能及的话那就去帮,费力不讨好的话那就拒绝。

8. 从此，别再用"应该"和"必须"强求自己

法兰克福大学教授狄耶特·查普夫称，如果你不想做一件事却让自己勉力为之，只会让自己压力倍增，身心疲惫，从而使免疫系统受损。如果这样的压力得不到释放，很可能患上高血压和其他心血管疾病。就好像一些空姐、服务员、电话服务员，他们在工作中经常会受到一些顾客的"虐待"，但他们大部分人需要克制，仍需要对客户毕恭毕敬。结果显示，那些必须对挑剔客户"笑脸相迎"的人，在对方挂断电话的很长一段时间里内心仍难以平复。

所以，无论遇到什么事情，都不要太过强求自己去做一些事情，那样只会增加自己的压力。

焦启红家里有个不成文的规定，每到周末，婆婆一定会到她们家里来，让她做一大桌子婆婆爱吃的菜，十几年如一日。她做得不好，婆婆就开始指指点点。焦启红一到周五，就开始紧张，然后晚上睡不着觉。时间久了，她开始恨那一天的到来，渐渐有了心理疾病，每到周六的时候，她就开始发病，头疼欲裂。

后来，心理医生告诉她，所有的症状都源于她不会拒绝，如果她能够选择早一点拒绝，和丈夫、婆婆能早一点进行沟通，她也不会落下病根。所以，在面对自己不愿意做的、无能为力的事情时，一定要懂得拒绝。适当地给自己做一些自我评价，明白自己和周围的人比起来，什么是自己擅长的，什么是不擅

长的。自己应该在什么样的地方负责任,对于那些不擅长的,那就给自己拉出一道防线,这样才能更好地发展自己,不会将时间浪费在一些没有意义的事情之上。

乔江大学毕业没多久就拿到了全国注册会计师资格,他自信满满来到上海,想要大干一番,从而证明自己的人生价值。

没过多久,乔江便在上海找到了一份工作。刚一上班,老板就对他格外重视,知道他没有找到住的地方,就让他到自己家中居住。乔江找到了住的地方,老板却说没有必要花那些冤枉钱,执意要他待在自己家里。

两个星期之后,老板问他工作上的情况,乔江说老板对他这么好,自己一定好好工作,从而来回报公司。然而,老板话锋一转,问他去年注册考试考得怎么样,乔江说考得还不错。老板看着他,说自己工作太忙,没有时间去学习,问乔江能不能去替他参加考试。

乔江一愣,说那样的作弊查出来怎么办,老板却口口声声拿人格担保,说绝不会被发现。乔江说容他考虑一下。乔江思虑再三,还是拒绝了老板的请求,无论是在法律上还是道德上,他都不允许自己去那样做。但老板待他确实是不错,他拒绝的时候还带了几分愧疚。

然而第二天他去工作的时候,老板完全换了一副嘴脸,说对他很失望,完全辜负了对他的信任,要他马上辞职。虽然乔江离开了那个公司,但心里很开心。

将拒绝别人的时间投资到自己身上,进一步提升自己的价值。一旦能做到开始主动"拒绝别人"时,你的价值也会提升数倍。当然,拒绝别人并不是不分青红皂白地将别人拒于千里之外，这也要求我们在生活中培养出判断力，明白什么时候该拒绝，什么时候不该拒绝。

在拒绝别人的时候，也要讲究一定的艺术。真诚地将自己的理由、苦衷告诉对方，拒绝别人的时候不要磨磨蹭蹭，更不要模棱两可、拐弯抹角，不要让对方抱着一线希望。更不要让对方误认为你已经答应对方的请求，拒绝的时候要掌握巧妙的方法，尽量用委婉的语气。

学会拒绝别人可以减少很多心理上的压力，可以在人际交往中争取到更多主动权，不要担心拒绝会让友情丧失。要记住，真正的朋友不会因为你的一次拒绝就远离你，所以调整好自己的心态，该拒绝时就拒绝，该坚持原则就坚持原则，真正的朋友是相互坦诚的，绝不会强人所难。

9. 内心强大，才能勇敢拒绝

日本导演宫崎骏在《幽灵公主》里面说道："内心强大，才能道歉，但必须更加强大，才能够原谅。"所谓的内心强大，是指意志坚定，不受外界影响。无论外界有多少诱惑，都能保持自己内心的坚定，有着"走自己的路，让别人说去吧"的信念。我们这里要说的是，拥有足够强大的内心，才能勇敢地去拒绝。

哈佛毕业的一位成功人士很有感慨地说："我在哈佛学到的最珍贵的东西，不是知识，而是敢于挑战权威、坚持主见的勇气。纵然是面对权威，也要敢于说'不'，也要敢于发出自己的声音，这样才会走得更远。"研究表明，一件事情，你越是难以拒绝，就越有可能感到压力甚至抑郁。内心强大的人应该懂得拒绝是必要的，他们会懂得如何合理地拒绝别人，然后提出自己的看法。

两位内地女大学生，到一家公司去实习，岗位都是外贸人员。但是她们所做的工作和本职无关，不是报单、到工厂，反而是陪领导客户出入KTV，成了陪酒人员。

其中一个女孩十分放得开，她大大咧咧的，一点也不在意公司的领导以及客户在她身上"占便宜"。最后甚至和公司一位有家室的副总"眉目传情"。另一个女孩不堪忍受，愤然离去。那位在公司混得如鱼得水的女孩好心劝她："现在工作这么难找，被占点便宜也损失不了什么，你不用那么较真的。"

选择离开的女孩说："我一定要有自己的实力，不需要出卖自己做这些事。"后来女孩重回学校，开始读研。她昔日的同事在外面吃喝玩乐的时候，她正忙着申请留学。两年后，她如愿以偿地进了斯坦福大学商学院，毕业后成了美国一家著名公司的驻华贸易专员。

有的人认为，拒绝是一种技巧。但是更多的，拒绝是不违背自己原则的底气和实力。一个人要拒绝自己不想应承的，要么有自己的实力，要么有底气。即便现在没有实力和底气，也要努力去争取，相信不远的将来一定可以得到。

有的人总是不敢拒绝别人，对于让自己为难的事情总是勉为其难地接受，比如好朋友邀请自己去唱歌，本来很反感那个地方，但为了朋友的面子硬着头皮去了。一个品行不端的熟人过来借钱，明明知道钱借出去有去无回，但又说不出任何拒绝的话。这样勉强去做一些自己不喜欢的事情，只会让自己心力交瘁。

现实生活中，这种害怕拒绝别人的心理，是一种害怕自己不被接纳的焦虑，是一种用"有求必应"的行为实现被接纳、被重视的需要，这是一种内心极度不自信的表现。而那些内心强大的人在觉得自己应该说"不"的时候，他们不会说"我不确定"或者"我觉得我不能"这样的词，他们会自信地说"不"，因为他们知道自己还有其他的安排，他们知道自己的价值并不是通过讨好别人来实现的。这也给了他们更多成功的机会。

做一个内心强大的人是很重要的，那么，如何才能做到真正意义上的内心强大呢？

首先，学会扬长避短。在学习工作中抓住机会展现自己的优势、特长，同时要注意弥补自己的不足，让自己不断进步。无论是在学习还是工作中，结合自己的兴趣，发挥自己的长处，才能将当下做得更好，才能更有底气。

其次，做好充分的准备。在从事某项活动以前，做好充分的准备，这样在参加活动的时候，才会更加自信。有了这样成功的经验，有助于增加内心的自我满足感。将压力变成动力，寻找一些方法，学会自我调养，可以做一些适当的运动训练。要学会将压力变成动力，这样才能不断学习、充实自己。

第三，给自己定下恰当的目标。目标不应过高，过高的目标对于自己会有进一步的打击。也不能太低，太低的目标会让人失了动力。结合自己的实际，跳一跳能够得着的目标最合适。同时要学会不断调整自己的情绪。每个人都有自己的情绪，要不断地去调整。

第四，养成独立意识，不要总想着依靠他人。遇见事情要靠自己去解决，这样能不断激发自己的潜力，在一次次的成功中，才能使自己强大起来。要具备积极主动的心态，这样的心态可以帮助我们调整情绪，让我们更好地直面苦难，消极的心态只会让我们退缩。很多时候我们并不是败给了困难，而是败给了自己的心态。

最后，要具备成长的心态。不害怕失败，不畏惧出丑，每个人都会面临挫折和失败，如果畏惧出丑而不去尝试，永远都不可能取得成功。失败了就去检讨，成功一定有方法，失败一定有原因。

做一个内心强大的人，保持乐观向上的心态，纵然是拒绝了别人，也不要心怀愧疚，先将自己做好，然后有精力再去帮助别人，等你走到足够的高度，别人也绝对不敢小觑。正如喜剧大师卓别林所说："学会说'不'吧，那么你的生活将会美好得多！"

第八章

做个有棱角的人,
让个性保护你的本真

1. 害怕面对冲突的好好先生

无论是生活中还是职场中，在遇到矛盾冲突的时候，我们总是试着去回避它，而不是直面困难，从真正意义上去解决它。

通常情况下，逃避的方法很少奏效。其实，回避冲突是不能平息冲突的，也不能从根本上解决问题，它只不过让问题拖延了一下。

小薇调到新的公司，能力被老板看好，有意提升她做部门经理。但是她的到来，影响到了公司"元老"祈芸的利益。若是小薇不来，部门经理的位子势必就是祈芸的。祈芸是公司的老人，老板也知道小薇的到来祈芸一定会不高兴。便处处叮嘱小薇，凡事一定让着祈芸。

于是，小薇便处处忍让，尽管好几次都知道祈芸是故意找茬，也不去和她正面冲突。一次开大会，其他经理质疑祈芸的方案出了问题，谁知道祈芸指向小薇，说这些全是小薇的主意，她只不过是按小薇的意见做的。于是，众目睽睽中，小薇面红耳赤，莫名其妙背上了一个大黑锅。

当你害怕冲突，不敢去面对冲突的时候，冲突就成了最大的拦路虎。你害怕事情找你，结果事情找得就是你。那些害怕冲突而想方设法躲避的人，只会渐渐地丧失自己的自主选择权。

极力避免冲突，经常会陷入一个怪圈，那就是常常忽略自己的想法而去取悦他人。若是你打心眼里忌惮冲突，一味地讨好别人，那便值得反思了。只有在实践中解决冲突，才能从真正意义上解决问题。一味地逃避，只会让心结越来越大。

王欣大学时刚住宿舍，进宿舍的时候，她老是担心自己与宿舍人的关系能不能处好，老是担心自己会被孤立，于是事事顺着舍友，有什么好吃的，都拿来和大家分享。

然而，渐渐她便发现事情并不像她想的那样，大家好像越来越不把她当回事，不经她同意用她的东西不说，还随意乱翻她的柜子。

一次她推门进来，发现舍友竟然捧着她的日记本看。更让人气愤的是，那个人丝毫没觉得不对劲，看她回来便直接放下就走了。

王欣怒火上来，没有选择沉默，她对她们说："是我平时太好说话，所以你们敢不把我放在心上？未经别人允许不乱动别人东西，这是最起码的做人礼貌，不知道吗？"那是她第一次对着舍友发火，她们也真真正正见识到了她的脾气，以后对她再也不敢太过随意了。

对于我们大多数人，在生活中或多或少一定会面对冲突，面对冲突如果不选择逃避，那么，该如何解决呢？

首先，要多进行观察学习。

在我们周围，在人际交往中，一定有很多人，他们善于表达自己，能够将自己面临的问题处理得很好。在这个时候，我们便要留心去看他们是怎样解决这些冲突的。看他们用了什么样的技巧，他们的说话方式如何，然后经过他们解决后，得到了什么样的结果，这样的结果你是否满意。以他们这些人为榜样，学习他们的处事方式，学习他们的为人方法。只要你多学习，一定会取得更大的进步。另外，电视、书本、网络等，都可以作为你学习的来源。

其次，找一些朋友和你当场示范。

多学习不如亲自实践，你可以邀请朋友在相应的场合下亲自做示范。相信在朋友的示范作用下，可以更好地修正你在交流中遇到的不适当情绪和反应。

最后，改变内心想法。

害怕冲突的人，通常心里想的是：我最好不要说这些话，万一这些话让人不开心怎么办，他们生我气怎么办，我下不了台怎么办。你心里的暗示促使你形成了这样的行事风格。这时候，你便要把你心里的语言换成积极的。比如：我要是憋在心里，怎么知道对方同不同意，怎么知道别人的想法。我说出来，或许也没有那么糟糕。

你试着改变了内心的想法，再去看自己的行为，通常会有意想不到的效果。

2. 不做职场当中唯唯诺诺的"Yes man"

在职场中，我们经常会遇到这么一些人，他们对自己不自信，意图取悦别人，常常一脸微笑，对所有人的要求不加拒绝。别人交代给他们难以做到的事情，他们义无反顾地接受。会议上，他们人云亦云，没有自己的主见。

他们不善言谈，从不敢和老板说"NO"，无论别人说什么，他们都盲目附和，总是被人牵着鼻子走。他们以为这样的方式可以使自己避开争论，获得好的人缘，但是很多时候，事情并不会因为他们的"迎合"就这样结束，反而面临了更多的麻烦。要明白的是，在职场里，没有人会因为你的谦虚和唯唯诺诺给你多大的优待。连你都认为自己不行，别人更不会把你当一回事。以这样的心态混职场，只会被人遗忘在角落。

有人认为，唯唯诺诺也无可厚非，最起码可以明哲保身。但是，"唯唯诺诺"和"明哲保身"区别是很大的。一个消极被动，一个顺势而为。明哲保身是为了厚积薄发，这一次的谦让为了下一次的发光发彩。而一味唯唯诺诺地妥协顺从，只会给自己的工作增添无尽的难题。

孙小荣大学刚刚毕业，她找了一份文案工作，她工作小心谨慎，从没出过什么大的差错。性格更是老实。同事们无论有什么问题，只要找她，就会得到她全心的帮助。

然而，正因为她从来不会拒绝别人，凡事都说"好""可以"。结果常常让自己疲于奔命。工作经常加班，忙的却不是自己的事情。然而，更令她想不到的是，三个月实习期过后，她被"客气"地遣送回家。

她的考评组长说："我尊重的是实力，只要你有实力，无论你是什么样的性格，我都可以接受。凡事来者不拒，凡事都说"YES"，一味地讨好别人，不过是自以为是地认为实现了自己的价值，实现了自我的满足，但是我需要的并不是这样的人。"

孙小荣的例子让我们看到，正因为她的来者不拒，事事"YES"，结果将"NO"留给了自己。

那些不敢对别人说"NO"的人，多半将自己的梦想和激情压到最低点。对于工作和生活，他们选择妥协，将自己折腾得精疲力竭，却往往收获不了好的结果。

在老板的眼中，职场人分为三种，实用的、喜欢的、没感觉的。

对于那些凡事唯唯诺诺的人，老板经常会将他们划归为实用的和没感觉的。如果工作老板觉得满意，便会划归为实用一类，但若是工作总是让老板不满意，那么便会被划归为没感觉那一类。若是被划归为没感觉，那么离被辞退就没有多远了。

凡事一股脑地接受，并不意味着你能力有多强，有时候从另一个角度可以看出，你的职业规划其实并没有那么清晰。有时候说一声"不"，意味着主动去进行选择，同时也意味着你可以看清什么事情对你的发展是有利的，这说明你有较为清楚的职业规划。把握好这个度，会让你周围的人对你更加尊重。

有的职工初入职场，会产生一种错觉，觉得我是为老板服务的，老板开心，一切都好。但是，你要明白的是，你要服务的并不仅仅是老板，更多是公司。凡事盲目答应下来，对老板并没有多大的好处，对公司也没有多大的的利益。

因此，当切身利益受到了影响，不要再唯唯诺诺下去了，适当地说"不"，让上司和同事了解你的情况，在工作中保持沟通，这样彼此才会心情愉快，才会更多地得到他人的尊重。

3. 一个敢于表达自己的人，更能获得尊重

无论是在工作还是生活中，只有将自己内心的话说出来，别人才能听到你的声音，明白你的想法，然后适当调整他们自己的观点，达到一个让彼此都感到舒服的境地。但是如果你不懂得怎样去表达，无论什么都闷不吭声，别人便会顺理成章地认为你同意了他们的看法。时间久了，你就变得可有可无。

不去表达自己观点的人，就是放弃去争取自己的权益。你自己的权益若是连你自己都放弃了，还有谁能为你争取？调查显示，成功的人都是敢于表达自己的人，只有敢于表达自己，才能让人知道自己的底线在哪里。

美国康奈尔大学做过一项调查，然后得出结论：在分析了职场人员的"随和度"之后，发现那些脾气差的，敢于发出自己声音的人，普遍比那些不敢发出自己内心声音的人薪资高18%。

有的人在职场中，不敢去争取自己的权益，不敢要求老板加薪，认为老板欣赏的是踏踏实实做事的人。他们日复一日努力做事，却从来没有勇气向老板提出加薪。

然而，真正的老板往往不喜欢那些从不跟他要求加薪的员工，因为，在他们的心里，若是员工有底气提加薪，恰恰说明工作完成得不错。

老板们觉得你既然敢提出升职加薪，那就说明你的工作价值已经超过了你目前的所得。只要你提出了自己的想法，无论老板们是否同意你的要求，至少在他们心里，你已经评估过自

己的价值。而对于那些"无欲无求"的员工,很多老板表示,他们都不太敢用。一个"无欲无求"的人,不敢去表达自己的想法,即便你工作再努力,老板也看不到,他们会以为你的工作是散漫的,他们甚至会怀疑你工作的积极性。

在这个充满竞争力的时代,不敢表达自己观点的人,是一个人成功路上的最大阻碍。

如果你一味地去退让,做一个永远不发出自己声音的"闷葫芦",那么时间久了你的同事、你的老板就不会去在意你的想法。他们会将你做的一切视为理所当然。无论在职场还是在生活中,你一定要保留自己的棱角,敢于发出自己的声音,这样才是你升职加薪的重要保障。总而言之,不要做"闷葫芦",万事都要松弛有度。

萧然是一个很好说话的人,他在澳洲留学,对于同一寝室的兄弟更是能让则让,觉得大家出来都不容易。然而临近毕业的时候,他惊异地发现自己的论文居然被同门抄袭,他差点因为这个毕不了业。

大家知道了纷纷指责他的同门,他却说,现在愤怒也没用,愤怒也变不成论文。于是他选择"大度"地一笑而过。大家都是哀其不幸怒其不争,也只好随他去了。

确实,事情发生了,愤怒没有多大的用处。但是你若放弃了自己的权利,连表达的欲望都没有,那下次这样的事情还会发生。

很多人总是不知道该如何表达自己的观点,怕说出自己的观点会得罪人,担心让别人不开心。于是总是错失了良机。那么该如何巧妙地表达自己的观点呢?

首先,要表达自己的看法,可以先赞同对方的观点,然后再提出自己的意见。纵然对方的话是错误的，你也可以从对方的话里找到可赞许的地方，先表示肯定，然后再说出自己的看法。比如可以这么说：这个观点我原来也是这么想的，但后来我又想了一下……

其次，可以用第一人称代替第二人称，"咱们这样想啊……""咱们这样试试看……"这样的表达方式不会让人觉得太过反感，"统一战线"的代入感更容易让人接受。

第三，对于不想答应的事情，可以采用"移花接木"的方法，以这一件事去拒绝另一件事。或者先答应后婉转拒绝，首先先应承着，然后再巧妙地转折回来拒绝。

无论在职场还是在生活中，学会去表达自己的看法很重要，否则心中堆积的不满太多，情绪排解不出去，就会越积越多，然后污染你的内心。

不敢表达自己，这是一种消极的行为。无论在职场还是生活中，很多事情都需要积极主动地让别人知道你的内心想法，这样你才不会为人所轻视。不要只一味想着：只要自己有才能，就算默默无闻也会被人所接受。要知道，弱肉强食，在这个竞争激烈的时代，当别人都在勇往直前的时候，你的默默无闻只会让你和别人的距离越来越远。

4. 说点实话和狠话，给人醍醐灌顶之感

金星登上大陆节目的舞台，便以迅雷不及掩耳之势占领了人们视线。她的"毒舌"让观众新奇不已的同时，也让被她吐

槽的人连呼吃不消。更有段子手评论，"中国有四大毒：蝎子的尾巴、毒蛇的牙、三鹿的奶粉、金星的嘴巴。"

金星敢说别人不敢说的话，她敢评价娱乐圈的任何人。她批评出轨的男明星、吸毒的艺人、不务正业的演员，只要不入她法眼的，她都敢直白地去攻击。

金星可以将人骂得非常狠，但又有能力让人不记恨她，这就是她的人格魅力。

蒙牛总裁牛根生信奉一句话："听不到奉承是一种幸运，听不到批评却是一种危险。真正的朋友应该说真话，不管话有多么尖锐。"对于有些人，有时候你说实话，反而会更多地赢得别人的尊重。

金星在节目中曾讲过一段她过海关的经历，网友看到后，直呼过瘾。

金星过海关的时候遭到了韩国海关的歧视，排在她前面的日本人轻而易举地就过去了，而到了金星这儿，却听到他们用韩语嘀咕："妈的，又是个中国人。"

金星当场发飙，她当即用韩语回道："要不是你们韩国请我，我根本不会来。"

韩国海关随即将护照扔了过来，让她重新排队。金星火冒三丈，跟海关闹了个没完没了，最后，直到主管人员出面，才将事情就此揭过。

金星对主管人员说："海关是一个国家的门面，你们让这样的人做海关，是给韩国丢脸。"说罢扬长而去。

很多时候，尤其在为人处世中，我们唯唯诺诺，这个不敢说、那个不敢讲，生怕会得罪人，日子久了，反而学会了阿谀奉承。要知道，浮夸的阿谀奉承只会让人感到不真实，甚至有时候会让人感到厌恶。所以，有时候不妨真实一些，该说实话就说实话。

因为很多时候，直言不讳地表达观点会让人在面红耳赤之余，感受到批评者的良苦用心，从而真正理解这辛辣批评之后包含的期冀。仗义执言、性格豪爽的人能通过语言来让人警醒，从而让听者认识到自己不好的行为，获得改变和进步。

但是也要注意，有时候言辞过于激烈是会得罪人的，"良言一句三冬暖，恶语伤人六月寒"，所以这个时候我们应该如何处理彼此的关系便变得越来越重要。说话泼辣豪爽，那是金星的作风，对于我们来说，在日常生活中，一定要把握好说话的分寸。

已故的乔布斯在很多人眼里是恶魔，因为他说话太过直白，很多时候言辞都比较难听。这不仅对于下属，甚至还有别人眼里看起来"高不可攀"的人。

美国前总统克林顿在任期间爆出性丑闻，乔布斯接到克林顿打来的电话。他希望乔布斯可以给他提出一些中肯的建议。乔布斯却回答："我不清楚你是否做了这么一件事，如果是的话，我觉得你应该告诉全国人。"

乔布斯也曾与美国前任总统奥巴马见过几次，他们也曾发生过冲突，乔布斯对奥巴马说："你也就当这一届总统。"

说话需要直白和勇气，但也要明白，辛辣直白的语言更需要技巧，只有你说的话是真诚、合理的，别人才会接受。有时候，带着辛辣的批评在让人面红耳赤之后，才能体会到其背后的良苦用心。灵活地运用批评，才能促进自己和身边的人不断进步。

金星在节目上曾对那些诉苦的选手说:"把你们廉价的眼泪收起来,要哭回家去哭。我走到今天都没有在观众面前流过眼泪,观众要的是真诚。"

金星说的话很严厉,但是在场的人都得听着。因为她确实是对事不对人。《金星秀》的导演总结了几个字:真而不装,骂而不脏,毒而不伤。这就是有分寸的毒舌。

如果你一味地唯唯诺诺,束手束脚,不敢表达自己的观点,如何能适应这个社会?如何能赢得别人的尊重?倒不如大大方方,有条有理地说出自己的观点和看法。真正得到劝诫的人非但不会记恨你,还会很愿意和你做朋友。

或许有的时候,我们的观点真的因为过于"刻薄"引起了对方的不满。但是让对方事后有种醍醐灌顶的感觉也是一种好事。任何人如果能把一语中要害的技巧发挥得淋漓尽致,这已经足够让人成大事。因为有的时候,"刻薄"也是一种行事风格。

5. 理直气壮地坚守原则

作家木心曾对陈丹青说:"没有纲领,无法生活。"志坚求成,不改初衷,才能走得更远。木心本身也是这样,坚定着自己的原则从不曾改变。

在现在的社会里,坚持自己的原则很重要。原则就是我们为人处世的一个底线,一旦失去了底线,就没有了前进的目标和方向。所以,当别人触犯到我们的底线时,我们要敢于坚持。

辛泰尔是纽约评论界的权威,在美国有将近五百家报纸为他开设了专栏，每天同步刊发他的时评。这些评论每年可以带给他十万美元的收入，虽然离真正的富人还有一些距离，但这样的收入已经足够让他活得很体面。

在当年的美国，辛泰尔的影响力无人能及，纽约电台甚至承诺，只要在他工作的写字台上装上一台播音机，每天一分钟，就给他五百美元。著名的华纳电影公司更是竭尽全力向他抛出橄榄枝，希望能和他合作，华纳公司寄给他一张空白支票，让他随便写下酬金数额，签好字，便可以合作，但辛泰尔统统拒绝了。

卡耐基问他："你为什么固执到连送上门的钱都不要？"辛泰尔说："只有懂得拒绝，专心做自己擅长的事情，才能提高自己的核心竞争力。人应该有自己的原则，这样才能走得更远更稳。"

坚持自己的原则是很重要的一件事，当我们面对一件事情时，一定要考虑清楚，在自己能力范围内的去做，超出的部分要去拒绝。一味地迎合别人，只会让别人习惯我们的妥协退让。从而将我们看轻，我们只有尊重自己，别人才会尊重我们。

很多人在不知不觉中降低了自己的底线，直到后来自尝恶果的时候，才知道坚持自己的底线到底有多重要。有的人为了家庭放弃了自己的事业；有的人迫于条件，选择和不爱的人结婚；有的人明明拥有自己的梦想，却妥协于现实。到头来，这些人留给自己的只有将就。

在《傲慢与偏见》中，彬格莱是个毫无原则的人，他对自己不自信，他只相信朋友的评价，他与爱人简分手后，尽管他心里依旧喜欢着简，但听从朋友达西的建议，认为自己在家庭方面配不上简,便千方百计躲着她,与爱情失之交臂。正是因为彬格莱没有原则,才使自己吃了那么多的苦头。

达西是一个骄傲自负,又不会表达自我的人。他爱上了伊丽莎白,却把家族、地位当作婚姻的首要条件,在他向伊丽莎白表达自己的感情时,一度像是施舍自己的感情,好像这样做使他遭受了多大的委屈。伊丽莎白拒绝了他的求婚,这使达西反过来审视自己的做法和原则,在经过了一系列努力之后,终于赢得了伊丽莎白的真情。

而至于伊丽莎白,她亦有着自己的原则,她不因门第卑微而自卑,知道自己什么时候应该拒绝,纵然对方是很多女孩梦寐以求的结婚对象。

后来达西的姨母以身份、地位来羞辱她,意图让她离开达西的时候,伊丽莎白的回答亦让人赞不绝口:"我非要按照自己的意志去行事,我认为怎么做会使我幸福,我就怎么做……你说达西先生和我结婚,会引起世人的反感和不齿,我倒不以为然。因为总的来说,大家还是有头脑,不至于都来嘲笑他。"

正是因为伊丽莎白的自尊、自信、自爱,使她战胜了世俗,有了理想的归宿,更获得了别人的尊重。

坚守自己的原则,这不仅是一种行为,也是一种心理状态。当我们放弃为自己的权利进行合理斗争的时候,往往只会沦为受害者,让别人有机可乘。所以,在面对压力时,我们不能总是把自己当成受害者,而是要坚守自己的利益。那么我们该如何坚守自己的利益呢?

首先,在维护自己的权益时要注意言行保持一致。态度自然,诚实地表达自己的意愿。缺乏自信的表达者在面对权益争端时,总会选择放弃,因为他们觉得这种意愿没有到必须要表达出来的地步。我们应该学会坚持自己的原则,属于我们的,应该理直气壮地拿过来,畏畏缩缩只会让别人瞧不起。

其次,学会合理地表达自己的愤怒。美国心理学家雅克·希拉尔说:"愤怒是一种内心不快的反应,它是由感到不公和无法接受的挫折引起的。"很多时候,我们难以承受别人的愤怒,也不想表达自己的愤怒,常常让自己吞咽委屈。但是,找到恰当的方法,将愤怒表达出来,才能和他人建立更好的关系。

最后,善用以"我"开头的句子,在为自己着想的同时,也不要牵涉别人的利益。比如"你现在非要抽烟吗"改成"抱歉,我闻不了烟味,可不可以请您换个地方去抽"。大多数情况下,以"我"开头的句子不会牵涉到别人的是非,这样在维护自己权益的同时,不会让对方心生不满。

无论什么样的情况,我们要学会坚持自己的原则,属于我们的,我们要理直气壮地去争取。只有自己积极主动,才不会被别人看轻,才能得到自己真正想要的。

6. 还是不要做"太听话"的乖孩子

一个人如果没有自己的主见和原则,那便和浮萍无异,总是会轻易地随波逐流。这样的人,即使能活百年,也无法感受到真正的自我,无法得到内心真正的快乐。

真正的智者,是心怀主见的人。他们纵然身处逆境,纵然面对着巨大压力,也能保持自己的主见,坚守自己的信念,这样才能活出真正的自我,保持心灵深处的那份高贵。

一个人若是没有自己的主见,任由别人来安排自己的人生,那和傀儡又有什么区别?别人为你安排的路再好,也不一定是你喜欢的。人与人之间的性格不同,在面对同一事情上,处理方式自然也就不一样。所以,若想要自己不后悔,那就勇敢地去追求自己喜欢的。在你自己的人生之路上,一定要听从自己内心的选择。

林艺是家里的独女,原本家境殷实,然而一场金融危机,使得林家遭遇破产。

余休仁和林艺就是在这一期间认识的。余休仁阳光乐观,性格开朗,两人几乎是一见钟情。过节的时候,林艺随着余休仁回了家,她知道他的家庭条件不好,到他家一看,竟比她预期的还要差一些。

父亲原本就反对他们在一起,多年的富足生活,使她养成了眼高手低的习惯,纵然破产也改不了。父亲知道她不归家,竟然随那小子跑到了一个穷乡僻壤的地方,不知怎么打听到了这个地方,连夜便赶了过来。一同过来的还有她的亲戚。

那些亲戚一边劝说,一边流泪,还有的不屑一顾。他们说她不懂事,家里的女儿好不容易养这么大,却要跑到这么一个地方,甚至还有人说她是"白眼狼"。

但是,林艺是极有自己主见的,她对来的一干亲戚说:"你们以金钱衡量一个人的价值,那是你们的标准,我自有自己的标准,而且找对象的是我,不是你们。"

在亲戚的不屑与不满中,林艺还是选择了和男友在一起。

无论何时,人都要有自己的立场,要保持人格的独立。自己决定的事就不要太在意别人的看法,因为你的生活终究还是要自己去过,而不是别人。

事实证明,林艺的眼光还是不错的,他们在一起三年,余休仁对她很好,事业上更是积极上进。凭着他自己的能力,很快便得到了上司的赏识,不到三年便被提拔成了经理。

所有的事情,如果你一味地害怕别人的评价,老是在意别人的看法,那么势必会一事无成。不要去在意那么多,按照自己的想法去做,只要成功了,旁人的议论自然就会平息。

做一个有主见的人,不要人云亦云,随波逐流,尤其在关键时刻不要随便屈从别人,这样才能获得成功。人与人之间总是不同的,无论何时,你都不要迷失自己。

王立阳到公司已经快两年了,两年来,他庸庸碌碌,整个工作的状态就像温水煮青蛙,不温不火。他管辖的领域是重点开发的乡镇市场,但月销量一直上不去。上级经理非常着急,对他又是进行培训,又是批评,但是仍然没有丝毫起色。

王立阳心里也很着急,为了让领导满意,他只好日日顺着领导心思,但也不敢违背客户意思,既要妥协这边,又不敢冒犯那边。久而久之,不只老板不满意,就连客户都不将他放在眼里,更不要说按他说的去做了。如此一来,他的业绩更差。

最后,上司实在不满意,只能将他淘汰出局。

王立阳的毛病就是太过生搬硬套,一味地逢迎上司迁就客户,没有自己的主见。若是他能早点明确意识,尝试着打开局面,或许情况就不一样了。

凡事害怕别人提出反对的意见,轻而易举放弃自己的想法,那么你就在一定程度上失去了自己。无论做什么事情,一定要坚守自己的立场，要独立有主见。不要过分在意别人的议论，人生的道路是你自己的，有朝一日你成功了，收获的是你自己。

生活中，无论你有多少不确定，但有一件事是可以确定的，那就是付出与收获是成正比的。不管这个社会信奉的是什么样的价值观，不管这个社会会有什么样的发展态势，你都要保持自己的原则和主见。只有方向确定了，才能有坚持走下去的勇气和力量。

7. 做人还是要有一点锋芒

慕颜歌说："如果你习惯吃亏、沉默、委屈自己、不拒绝所有人，你便会忘记，其实你可以有态度、有观点、有能力过你想要的生活。一个人越是善良，待人的底线应该越高一点。"所以，忍让、谦和是一种美德，但必须把握一定的度。在一些小事上可以不用计较，在一些原则问题上，那是绝对不能退让的。一个人如果不敢坚持自己的原则，不敢坚持方圆之道中必要的"方"，永远地以牺牲根本的东西换得一时的苟安。那只能失去做人的尊严，根本谈不上什么人格。

林叶芸的公司去了一个实习女学生，她去的时间比较短，很多数据都不太能理解，于是每次都去请教林叶芸。林叶芸常常很耐心地给她解释，但没几天她又忘了，林叶芸只好次次都亲自帮她整理好。

这一天，那女生又去找她，要她帮忙做一张复杂的表，刚好林叶芸那两天工作特别忙碌，便第一次拒绝了她，让她自己去弄。没想到那女生没说话,林叶芸抬起头来的时候,发现那女实习生脸上的表情很是愤怒。她说的话,林叶芸想都没想到,她说:"你必须马上给我把表格整理出来,老总马上就要。"

林叶芸都要被她气笑了,但还是耐着性子跟她说:"我现在工作都堆起来了,需要马上整理,你要是着急可以找别人帮你,不着急就过两天我再帮你。"

那女生顿时火冒三丈:"什么等两天,每次都是你帮我,你让我找谁去?"

林叶芸一听,火气也起来了:"你愿意找谁找谁,我帮你是好意,不是职责,你以为是我欠你的吗?"

尽管如此,林叶芸晚上还是熬夜给她做了表格,却没有得到她的一句感谢。自此以后,女实习生见了林叶芸,连个招呼都没有打过。

一味地忍让或取悦,并不是我们所谓的善良,而是我们不想承认的懦弱。只有挺直腰板,才可以去争取我们想要的一切。如果我们只是小心翼翼地对这个世界察言观色,然后满足于当下,总是放弃自己的利益去成全别人,非但得不到别人的尊重,反而会换来他们的得寸进尺。

《易经》里说:"君子藏器于身,待时而动。无此器最难,有此器不患无此时。"爱默生说:"你的善良必须有点锋芒,不然就等于零。"所以,我们在善良的同时,一定要具备明辨是非的能力,认清事实的真相,而不是为了善良而善良,不应怕得罪别人而善良。

我们应该记住:人当善良,且有力量。

西街附近刚刚开了一个餐馆,大家都喜欢到那里吃饭,那里的环境菜品都非常好。李鑫荣经常带朋友去，老板娘总是笑呵呵地给他打八折。李鑫荣对老板娘说："你每次给我打折，可别亏了本。"老板娘笑着说："亏本的买卖我不做，所有的亲戚朋友过来吃饭，全都是八折去零，我能赚点，大家也能省点。"

有一次李鑫荣过去吃饭，听到老板娘笑呵呵地和对面吃饭的人说："这次我给您打八折，您过来吃好。"本来很正常的一句话，那顾客却听得面红耳赤。李鑫荣过去问是怎么回事，老板娘偷偷告诉他，说："这个人上次过来就没给钱，结果这次还想抹抹嘴就走，哪有这么好的事。我待客周到，也不能让别人把我当成冤大头。"

这就是我们做人应有的态度，我们可以为对方考虑，但也要为自己考虑，一味地软弱，亏待的只能是自己。我们可以选择善良，但我们的善良，一定要有自己的锋芒。

当然，无论什么事情，过犹不及，为人处世需要一点锋芒，但也千万不能锋芒过盛。锋芒过盛会成为生活中的拦路虎。不在小事上和别人争长短，努力提升自己的成绩。自己成绩上来了，实力摆在明面上，好好抓住表现本领的机会，在自己的工作上一鸣惊人，这就是自己的锋芒，这样的锋芒绝对不容人小觑。

8. 做一回"恶"人也无妨

现实生活中，有人喜欢做唯唯诺诺的好人，有人喜欢做直言不讳的"恶"人，每个人都有各自的选择，因为无论选择哪种处事方式，都有各自的想法与道理。

在《厚黑丛语》中，李宗吾主张用威势去震慑对方。应用到生活中，就是要人们以"恶"的形象去吓退敌人，从而达到不战而屈人之兵的目的。简而言之一句话，就是要学会光明正大地做"恶人"。当然，并不是说我们不可以善良，只是我们的善良一定要分清对象，不是所有人都能配得上我们的善良。有时候，我们对恶人的善良，就是对自己的伤害。在面对罪恶的时候，让罪恶得到它应有的惩罚，让正义得到伸张才是真正的善。

在电视剧《欢乐颂》中有这么一段，樊胜美回到家，她哥哥得罪过的一些人拿着医院所谓的清单前来要账，那些人气势汹汹，樊胜美一家无可奈何。此时安迪前来帮忙，对方声势浩大，她选择以暴制暴，对方表现得蛮横，她就表现得比对方还要嚣张，就这样将对方吓得落荒而逃。

做一个"恶人"有很多显而易见的好处，比如说恶人有他绝对的威势。一个领导者如果以"恶人"形象出现，有的时候可能会更好地达到他的目的。调查发现，一个"偏恶"的主管比"偏善"的主管更能令下属为其努力办事。

或许有的人不喜欢应酬，只想做自己的事，那么"恶人"的形象会很有效地遏制这些问题。做一个老好人，需要时刻逢人堆笑脸，以至于逢迎巴结。而看似不好接近的"恶人"却可以选择做自己。利用"恶"的形象，可以很有效地减少很多不必要的麻烦。

《太平广记》中有这么一段记载，唐朝洛阳城中有座寺庙，里面供奉着几颗舍利子，供信徒们膜拜祈福。因为这几颗舍利子,寺庙香火旺盛。

有一日,庙里来了一个读书人,说是要见识一下舍利子。这位书生相貌堂堂,谈吐不俗,庙里的和尚们便将舍利子取出,让书生开开眼界,并且热情地对他说舍利子的种种故事。

正当僧人们对书生的博闻强识赞不绝口时,书生抓起舍利子一口吞下,这样的举动直把僧人们惊了个目瞪口呆。书生威胁道:"只要给我钱,我便把腹内的舍利子泻出来还给你们,而且保证不会说出去。"

僧人们无奈,只好答应给书生一个满意的数目。于是,书生便在僧人监管下吃了泻药,将舍利子排了出来。然后书生拿着大笔金银扬长而去。

"以彼之道,还施彼身",这是对待无赖的办法。如果瞻前顾后,顾虑太多,只会让对方屡屡得逞。和尚们如果以强硬的手段来处理,让书生明白如果不将舍利子还回来,将付出惨痛的代价,书生也不会这么容易得手。

适时地做一个恶人是很有必要的,该善即善,当恶即恶,这样才能活得潇洒肆意。日常生活中,总有人做一些费力不讨好的事情,他们一味讨好别人,对于别人的要求,硬撑着答应下来,结果没做好反而得到抱怨,还让自己难受。

在韩国电影《今天》里,女主角的未婚夫在雨夜被一少年开摩托车撞伤,那少年害怕承担责任,竟选择将人撞死。但女主人公却选择了原谅,甚至替对方写了请愿书向法官求情。然而,女主人公的善良并未让少年迷途知返,反而在学校因为嫉妒再次将同学残忍杀害。

女主人公的一番好意,并没有得到谁的感激,未婚夫的大姐反而因为她的原谅和她心生嫌隙。

人要有善良,这毋庸置疑。但如果对方的行为超过了我们的心理预期,那便不要继续善良下去了,过度的善良便是懦弱。所以,适时地做一回恶人,勇敢地争取属于自己的权益。

9. 保持本色,不让这个世界轻易改变你

爱默生在《论自信》中说:"在每个人的教育过程中,他一定会在某个时期发现,羡慕就是无知,模仿就是自杀。不论好坏,他必须保持本色。"人在世界中,总是很容易迷失自己。但是要记住,在这个世界上我们每个人都是独一无二的,要保持自己的本色,做个有个性的人。

只有保持自己的个性,保持自己的本色,才能让自己保持在一个最舒服、最放松的生活状态,才能最大限度地激发自己的能量,做出一番大的成就。过于压抑自己,只会使我们自己背上沉重的负担,直到最后不堪重负,完全地走上岔路。

罗艺从小就爱唱歌,她最大的梦想是做一名歌唱家,于是她历尽苦难,勤练唱功。但是她自小长得不好看,一唱歌牙齿就暴露在外面。因为形象问题,她很是苦恼,在帅哥美女云集的歌坛,要想出人头地,真的是难上加难。

刚开始的时候,她在娱乐场所唱歌。第一次在众人面前唱歌时,她一直试着将上嘴唇拉下来遮住牙齿,以为这样能掩盖住自己的缺点,但事与愿违。她的样子不仅没有丝毫改变,反而她引以为豪的唱功也没能好好发挥,在舞台上出尽了洋相。

罗艺一度非常自卑，以为自己只会离梦想越来越远。直到后来，一个用心听她唱歌的人一语惊醒梦中人，让罗艺豁然开朗。那人说："你是有自己天赋的人，但总是被外在的一些东西影响到，你唱歌的时候只要用心投入，什么都不用去在意，观众才能和你一起沉溺其中。"罗艺接受了这个忠告，不再刻意去关注自己的形象，全力投入，终于实现了自己的梦想。

很多时候，我们经常忽略本色的意义，认为只有十全十美才会受到欢迎。但是，更多的情况下，我们只有放开自我，将自己真实的一面展示出来，以本色出现在众人面前时才更有魅力。

卡耐基在《人性的优点》中提出：你是这个世界上的新东西，你应该为此而庆幸，并尽力利用大自然所赋予你的一切。所有的艺术都带着自传的色彩，你只能唱你自己的歌，你只能画你自己的画，你只能经历你自己的经历。所以，无论好坏，找到自我，保持自己的本色。

焦红在一家公司任职，工作能力也备受众人称赞。但是有一天焦红却被调到了其他岗位，负责与自己专业完全不相干的工作。焦红对新工作完全不感兴趣，工作频频出错，经常受到上司指责。

她头疼欲裂只能去找人事，却被人偷偷告诉，因为老板的一个亲戚空降过来，那个亲戚要做的就是焦红以前的工作。焦红有口难言，想去找领导，但怕连累同事；想换工作，又怕自己不适应新环境。每天心不在焉，于是工作上出的问题更多了。

在我们工作生活中，经常遇到类似的情况，明明现在的工作不喜欢，却不敢轻易做出改变。但其实只要我们确信自己有能力,知道自己应该做什么,那就勇敢去做。过分地压抑自己,只会使我们背上沉重的思想包袱。所以,为何不去保持自己本色,在张扬自己的个性中活出自己的精彩呢?

在《哈姆雷特》中,宰相波洛涅斯曾说:"最重要的是忠于你自己,你只要遵守这一条,剩下的就是等待黑夜与白昼的交替,万物自然地流逝;倘若果真有必要忠于他人,也不过是不得不那样去做。"

我们生活的环境颇为复杂,但只要保持了自己的本色,我们便会发现,其实一切并没有那么困难。别人的看法那是别人的事情,最重要的是我们自己做到自我欣赏。我就是我,虽不是完美的,但却是独一无二的。

在一个电视剧中,女主人公经过千辛万苦,终于追上了年轻有为的男青年,两个人走进了婚姻的殿堂。然而坐在影楼里,披上婚纱的她反而失声痛哭:"我不幸福,我并不觉得幸福。"因为这么长时间里,她一直压抑自己的天性。

自己想做的事情,那就毫不犹豫地去行动,这样才能获得内心的满足。只有坦荡和真诚的人,人们才乐于帮助。相反,对于那些一味揣测别人的人,只会在生活中被人忽视,领导、同事、朋友甚至爱人都会离你越来越远。所以当内心有想法时,不要回避;当矛盾发生时,不要畏惧,以本色面对一切,人生才会迸发出别样的光彩。

第九章

表达仁慈,慢一点

1. 盲目的仁慈，会招致祸害

"聪明是一种天赋，善良是一种选择，后者要比前者难得多。"做人需要善良，这是肯定的。歌词里也唱到："只要人人都献出一点爱，世界将会变成美好的人间。"但是，善良也要讲原则，盲目的善良非但不会带来什么好的结果，有的时候反而会造成一系列祸患。

有一种善良，叫作"低智商的善良"，也就是我们牺牲了、付出了，最后反而变成了一个"坏人"。对方毫无节制地拿着我们付出的善良来伤害我们，这样的善良不如不要。

前段时间的"保姆纵火案"让我们感到心寒，这是典型的现代版的农夫与蛇。女主人一家对保姆都很好，将保姆视为家人来看待，不但借十万给她买房，甚至发现她在偷盗家里的贵重物品后，依旧选择原谅她。

然而，女主人没有想到，就是因为她一次次盲目的善良，才养出了这么一个恩将仇报的人。

生活中，我们经常会遇到这样的情况：有些人在第一次接受你的帮助时往往会表达感谢之情，然而次数多了，便习以为常，不放在心上了。若是你停止帮助，反而会得到怨言。

恶人可恶，你若因善良给了恶人伤害你的机会，你则比恶人还要可恶！要记住你的善良是要留给那些懂得感恩的人，而不是那些将你的善良接受得理所当然，还得寸进尺的小人。

所以，若是我们的善良被人践踏，我们的容忍被人视为懦弱，那么请收回我们的善良。没有原则的善良只会被恶人欺侮。我们的善良应该是有原则的，也是要讲究情况的，不分情况的善良反而会弄巧成拙。

有个电视节目叫《你会怎么做》，有一期是让女孩装作喝醉酒躺在路边，然后另外找一个工作人员扮演一个心怀不轨的男人。两个人在路上拉拉扯扯，考验路人的反应。有个大妈过去苦劝女孩跟这个路人走，她说："这个人是好人啊，你赶紧和他回去，大晚上谁管你。一个女孩子这么不自爱，一个人喝这么多酒。"

大妈的一番话让我们很诧异，大妈没搞清状况便敢说这样的话，还好这只是一场实验，如果是现实存在的状况，那后果真的是不堪设想。大妈本可以出手阻止，但正是因为她盲目的好心，很有可能毁了女孩的一生。

善良在很大程度上是和智慧挂钩的，很多时候我们自以为是的善良，不过是愚昧的善良。

我们应该如何做，才能使我们的善良不过于盲目呢？

首先，要学会明辨是非，不要轻易听信别人的言论。在面对问题时，要用自己的理智去分析问题，不受别人左右，别人的评论很可能会蒙蔽我们的眼睛。俗话说："耳听为虚，眼见为实。"有时候亲眼见到的也并不一定是真实的。所以，无论什么事情，都不要轻易下结论，留给自己一些观察和思考的空间。

其次，将我们的善良留给真正需要的人。"农夫与蛇"、"东郭与狼"这样的事情屡见不鲜，前文提到的"保姆纵火案"便是典型。对于那些贪得无厌的人来说，我们的善良不过是助纣为虐，我们的宽容大度只会显示我们的懦弱。所以，善良一定要留给值得的人，我们永远也喂不饱一颗不懂感恩的心。

第三，学会换位思考。换一个角度考虑问题，完全可能得出不同的结论。并不是我们所有的善良都会换来别人的感激。比如对于那些真正需要平等对待的残疾人，有的人会表现得异常热情，希望可以用自己的善心为他们提供帮助。但是，这样的举动常常会让他们意识到自己的特殊和不幸。这样分不清状况的善良是一种"低级的善良"，盲目地去帮助别人，通常不会取得理想的结果。

最后，允许自己拒绝别人。一个难以拒绝别人的人，只能从不断讨好别人的过程中获取自己的价值。只想通过别人的认可来肯定自己，这样的肯定倒不如说是在否定自我。

所以，确立自己的原则，敢于说出自己的意见。这样虽然在某些时候会让我们在和别人交往时产生不愉快，但只要我们足够真诚，迟早会得到对方的尊重。在不触碰底线和原则的情况下，一切的对错、好坏都能被接纳、理解，所以让自己做一个真正意义上的"好人"。

做一个"有理智"的善良人，不盲目、不冲动，让我们的善良真正发挥作用。

2. 你的爱心被别人的道德观绑架了吗

老子在《道德经》里一面弘扬"道德"的高尚,一面提醒"大道废,有仁义;智慧出,有大伪",就是担忧有人打着道德的名义去做不道德的事。而今,在我们日渐发达的社会,随着互联网技术的不断发展,越来越多的事情证明,老子确实是具有远见卓识的。有些人总是打着弱者的名义,逼迫其他人做一些"善良"的事。这种被强迫的"善良",我们便称之为"道德绑架"。

所谓的道德绑架,重点不在道德,而在绑架。道德是用来约束自己的,而不该是评价他人的。无论是对谁,任何强加的善意都是一种绑架。无论我们的出发点有多好,只要带了强迫的性质,就变了味。道德是用来弘扬的,它是发自内心的,而不是被拿来强迫别人的。

朱洪超出生在西北的一个小山村,那里生活条件很落后,人们过着贫穷的日子,邻里关系都很好。朱洪超脑子特别灵活,他知道附近有很多珍贵药材,就以很低的价格买下了那片山头,又雇了一些人上去采药。然后加工一下卖到东部发达的地区,再从东部运一些东西回来卖给小县城的人。

久而久之,财富积累,他竟然拥有了很多家贸易公司。不但在市区买了别墅,还买了一辆小轿车,成了远近闻名的富商。

同村的人不乐意了,认为他应该把赚来的钱拿出来修路、修学校,从而造福家乡。但是,朱洪超也不乐意了,他认为钱是自己辛辛苦苦赚的,为什么要让别人支使。于是,他果断拒绝了。谁知道他的拒绝让村民们愤怒不已,一顶顶大帽子压在他头上,什么"忘恩负义""一毛不拔",怎么难听怎么来。

言语上的攻击也就算了,村民们拿着铁锹、石头,将他家里的轿车、大门砸了个稀巴烂,直砸得眼睛通红。

行善本来是一件好事,但这些看似善良平凡的百姓们似乎越来越不容易被满足,而占据较高社会地位的朱洪超反而被推上了道德的刑台,无形的绑架就此形成。于是"善良"变得越来越无奈,行善的人常常把自己弄得焦头烂额,里外不是人。

这样的道德绑架实在是一件可怕的事,它麻痹了普通人的善良,逼迫着有能力的人做出无奈选择,这样的行善失去了原本的性质,成了一种负担。如果我们真遇到了道德绑架,一定要有自己的主见和想法,切不可在别人盲目的"狂轰滥炸"中失了自我。

最近,新闻上曝光一条消息,上海一对情侣在地铁上拒绝给老太太让座,被旁边的一位七旬老人一连拍下四张照片,宣称要把它传到网上,好让大家看看他们的嘴脸。年轻女子请求老伯将照片删掉无果,只好选择了报警。

后来在警察的协调下,老伯才删了照片。事后才知道年轻女子已经在医院挂了四天盐水,身体状况不佳,还在地铁遭遇了这样一幕。

我们生活在这个社会,每天都要和人打交道,有的事情防不胜防。如果我们遇到了"道德绑架",那么应该怎么做才能逃离道德的桎梏呢?

首先,不要被"道德绑架"吓唬住,要知道做好事只是我们自己的选择,和别人没有任何关系。我们做好事是基于我们的善良,是我们发自内心的意愿。我们的行为不该因为别人的举动,而受到大的影响,被逼迫出来的善良已经偏离了它的本质。

其次,遭遇了"道德绑架",可以向周围的人寻求帮助。在我们生活中,肯定会有斤斤计较的仇富之人,但也不乏是非分明的人。任何一种行为、任何一种新闻现象,都有接近真相的过程。那种由个别人的自私自利而发起的"道德绑架"一定经不住时间的考验,群众的眼睛、公共权力、媒体影响力,不会总是成为这些人道德绑架的手段。

最后,要学会自救。自救应该包括依法反击,也应该包括合理沉默。有人问朱熹"人能弘道,非道弘人"这怎么理解。朱熹回答:"道如善,人如手。手能摇扇,扇如何摇手?"这便要我们充分发挥主观能动性,走自己的路,让别人说去吧。

3. 胡乱许愿承诺,好心不得好报

在我们的人际交往中,很多人都会不经意许下诺言,但真正能信守诺言的却没有几个。我们可以与人交好,但千万不要轻易许诺。因为一旦做不到,不但不会给自己赢得多少信誉,反而会让自己成为言而无信的人。

老子说:"轻诺则必寡信。"金正昆教授在教授礼仪的时候,也曾提到:"做不到的事情不要轻易许诺,这是礼仪中很重要的部分。"诚实守信是中华民族的优良传统,"一言既出,驷马难追"的话更是流传到今天。说出去的话,就好比泼出去的水,都是不能收回的。所以,我们在许诺的时候,一定要谨慎,否则丢掉的是自己的信誉。

同学聚会上,大家都敞开心扉彼此交谈着。徐磊是唯一一个自己开公司的,经过多年的打拼,他公司的运营状况已经步入正轨。在本市的富人区买了一栋别墅,还专门请了保姆。

在饭桌上,大家起哄,让徐磊说说自己的致富经历。一片起哄中,徐磊成了班级的焦点,徐磊的虚荣心得到了极大的满足。在众人艳羡中,他神采奕奕地讲起了自己的发家之道。聚会快要结束了,以前玩得好的同桌大兵凑了过来,说自己手头的一个项目要开展,赚钱是一定的,但就是缺一笔投资,问徐磊能不能投资二十万进来。

徐磊酒酣脑热,随口就说道:"才二十万啊,凭咱俩的交情,就是不赚钱我也投资。"大兵开开心心地说:"我回去就写一份投资计划,只要你的钱到位,保证亏不了你的。"徐磊说:"好说,好说。"

结果三天后,大兵带着自己的计划书来到了徐磊的公司,徐磊却犯了难,当时在同学会上他不过是随口说说。二十万虽然不多,但如果真的抽调出来给了大兵,公司的运营也会出问题。于是,他只能说自己喝醉了不记得这事。

大兵嘴上不说,但心里已经有了成见。既然做不到就不要开口说,而今事到临头却不承认,这实在是于理不合,两个人的关系也越来越疏远。

一个人能力再强,也有鞭长莫及的时候。所以不要轻易答应别人,只为逞一时之勇,是难以获得他人尊重的。刘墉说:"不要在无理的环境下讲道理。也不要在必输的时候逞英雄。"

明知道做不到还要轻易许诺,不但丢失人心,还会损害自己的信誉。

我们一旦轻负了诺言,再想得到对方的信任就难了。所以,无论如何不能因为贪图一时的风光就开出空头支票,否则只能伤己伤人。

乔西最近遇到了一个烦恼,她答应朋友做他的模特,因为朋友考证需要模特。当时虽然乔西不愿意,但觉得都是朋友,帮就帮了。但答应了以后就开始后悔,如果那天不去当模特就可以多一天的假期,而且那天她准备回家,却无故少了一天陪家人的时间。

正如拿破仑曾经说的一句话:"我从不轻易许诺,因为承诺会变成一种错误,然后轻而易举地反馈到你的身上。"不轻易许诺是一种谨慎的行事态度,不要轻易地说"一定"、"必须",答应下来最后却没有做到,只会比不许诺的罪过要深得多。

在我们和别人交往的过程中,如果真的能为对方雪中送炭,固然可喜。但我们一定要量力而行,千万不能空口说大话。尤其答应别人的时候,一定要注意把握好分寸,不要说得太满。有时很多情况都是难以预知的,在平时本来很容易做成的事情,换个环境或许就不容易做成。所以,许诺千万不要过于草率,过于草率就是搬起石头砸自己的脚。

既然如此,我们在社会交往中,面子就不要了吗?当然不是这样的,有"里子"的"面子"才是真的"面子"。我们答应别人的时候一定要掂量自己的分量,逞一时口舌之快,可能在当时面子十足,但最后付出代价的只会是自己。许诺别人的事情做不到,到时候只会更没有面子。

曹雪芹在《红楼梦》中写道："世事洞明皆学问，人情练达即文章。"处理好世界上的人情世故，这实在是一门精深的学问。面对复杂的人际关系，我们一定要做好自己，保持本心，不卑微、不浮夸。面对别人的相求，力所能及的事情去做，力所不逮的事情要拒绝。

4. 好话背后也许藏着巨大的"阴谋"

生活中，我们经常碰到这样的人，平时你们的关系并不怎么样，突然之间他开始在人前人后极力地赞美你、鼓励你，好心地给你提建议。并且还常常摆出一副"为你好"的姿态，"苦口婆心"地跟你讲："我就是看你为人老实才这么和你说的，你可要自己多小心点……""你这么善良，怪不得同事们都说你人缘好呢！"……

然而，我们要知道，并非所有的建议、赞美、鼓励等都是善意的，尤其是那些原本就和你有利益冲突的人，非常"好心"地建议你去做一些事情的时候。自己要想清楚，对方是不是真的好心，还是有意让你去掉到他预先设计好的陷阱里面。很多时候，好心背后可能包藏着祸心。

李天天来到公司快一年了，一直尽力辅佐公司领导，每一件事情都做得井井有条，也深得领导赏识。

但是公司最近的销售情况一直不是很好，公司高层领导就找到他的领导刘经理，了解了一下李天天的工作情况。接着经过探讨，打算让李天天到其他的部门做副经理，而最终决定还需要公司中层来商讨。

原本刘经理就嫉妒李天天的年轻有为,并深得高层领导的赏识,更怕李天天有一天会威胁到自己的地位。如今,公司有意提拔他,刘经理当然心有不甘。

于是,会后刘经理立马找来了李天天,跟他说:"公司高层好像要对我们部门进行调整,隔壁部门的老王对我们有些成见,刚才说话的时候还处处针对你呢。真可恶!我就怕他们把你调到那个部门去,你会受欺负,你也知道老王这个人就是小肚鸡肠。"

李天天一听,立刻跟刘经理表示,会追随刘经理。如果有人问及是否愿意去老王的部门,他会委婉地谢绝的。

之后,在周一的例会上,老王问李天天是不是愿意到他们部门帮助销售工作。李天天当即表示:"我很感激公司能给我这个机会,能为公司做更多的事情是我的荣幸。但是,就我目前的能力而言,未必能够肩负如此大的重任,我怕心有余而力不足。还有,现在我们部门的工作还有很多琐碎的事情需要处理,我想我现在离开也不合适。"

公司高层领导和老王听了李天天的话,没有说什么。事后当李天天知道公司原本想让他去老王那个部门当副经理时,差点悔断了肠子。

所以,当有人赞美你、鼓励你、好心地给你提建议的时候,你要多给自己些时间仔细考量、分析,弄明白这些话是出自真心还是另有目的?别一听到别人的好话便晕了头,也不去想对方是否别有用意,到时候中了对方的圈套,只能让对方的阴谋得逞。

周静天、王菲、瑶瑶是比较要好的朋友,在这之前,周静天和王菲是高中同学，王菲和瑶瑶是大学同学，如今更同在一座城市工作。瑶瑶喜欢旅游，她收集了很多她去过的地方的民俗资料和一些很有特色的书籍。有些东西市面上根本买不到，是非常有价值的。周静天也喜欢旅游，却一直没有机会出去，看到瑶瑶收集的那些东西，周静天非常喜欢。但是那时候两个人刚认识，并不是非常熟悉，也不好意思开口向对方借，何况那是一些非常珍贵的东西。

有一次，周静天和王菲聊天，他不断地提到瑶瑶，说瑶瑶在旅游中拍的照片非常有特色，快赶上专业的摄影师了。还说瑶瑶是个非常有品位的人，不同于那些盲目旅游的人，她收集的东西太有价值了。总之，对瑶瑶一切的赞美不绝于口。

王菲把周静天的话都照搬给了瑶瑶，瑶瑶听了非常高兴，觉得周静天是个懂自己，了解自己的人，并且与自己又有共同的爱好。于是，在每次邀请王菲参加什么活动的时候，都会邀请上周静天。此后他们之间的关系越来越好，周静天借阅瑶瑶的书籍资料也变得非常顺其自然了。

好话谁都爱听，但是说你好话的人未必是真的欣赏你的才能和品位，或许只是希望借机接近你，以牟取其他利益，也可能正想把你往火坑里推……

在生活中，面带谦和，陷害别人而不被人知的小人多不胜数；因善良无知，受甜言蜜语的蒙蔽，而身受其害的人又何其之多。人心叵测，有时让你防不胜防。所以，既然踏进了这个险恶四伏的社会"江湖"，就应该凡事留个心眼，一定要警惕那些当面夸你、捧你，背后却总想使诈的小人。

5. 最高贵的施舍，是给对方尊严

孟子曾说："一箪食，一壶浆，得之则生，弗得则死。呼尔而与之，行道之人弗受；蹴尔而与之，乞人不屑也。"孔子亦云："君子不饮盗泉之水，廉者不受嗟来之食。"因此，帮助别人之时，一定要讲求方式方法，帮助别人的时候维护对方尊严是至关重要的。

生活中，不乏这样的现象，很多富人高调地做慈善，却往往忽视受助者的尊严。耀眼的闪光灯下，富人笑容满面，然而贫者却很少能露出开怀的笑脸。所以，在帮助别人的时候，一定要提醒自己放下姿态，小心维护对方的尊严。

很久以前看到这么一个故事：一位作家小的时候，有个乞丐向他的母亲乞讨。这个乞丐很可怜，右手臂整个都断掉了，空荡荡的袖子在风中晃荡着，让人看了心头难过。

母亲指着门前的一堆砖对乞丐说："你帮我把他们搬到屋后去吧。"

乞丐很生气说："我只有一只手，你还忍心要我搬砖？不愿意帮助我就算了，为什么要刁难我？"

母亲没有说什么，她只静静地走到那些砖前，用一只手将它搬了起来，说："一只手能做的活，我能做，你为什么不能做？"

乞丐愣住了，他看了那个母亲半响，然后走到那堆砖前，一言不发地开始搬，整整搬了两个小时，才终于将它们全都搬完。

母亲将雪白的毛巾递给他，然后亲手将二十元钱交给他。

乞丐感恩戴德地说："谢谢您。"母亲说："这是你凭借自己的力气赚的钱,不用谢我。"

乞丐向母亲深深鞠了一躬,他看着母亲说："我不会忘记您的。"然后离开了当地。后来,很多乞丐经过家门口,母亲都会让他们将那些砖搬来搬去,却总是没有什么大的用处。

很多年后,一个衣冠楚楚的人来到这个作家的家门口,微笑着将一把钥匙递给母亲,说："正是您当初的做法让我明白自己还能有所用处,如果没有您,我就没有今天。"那人握着钥匙,右手衣袖空荡荡的,赫然就是当年搬砖的独臂乞丐。

帮助别人是一种善行,但千万不要觉得帮了别人就是有恩于人,于是摆出一副高高在上的姿态,这样的态度常常会引发相反的效果。帮助别人并不是一件简单的事,千万不要过分张扬,否则两颗心同样会受伤害。

一位颇具修养的佛学大师说："做慈善是感恩,让被照顾的人有尊严。"这或许是最大的慈善。

有这么一位单亲母亲,白天在富人家里做女佣,晚上回去和自己五岁的儿子相依为命。主人知道了她家里的情况后,特意给他们留了一个房间,说："把孩子接过来吧,以后你们吃住都在这儿,薪资照常。"女佣知道这样很方便,但她也有自己的忧虑,主人的房子很大,光洗手间就十几个,而且最小的洗手间比她住的房子都大,她担心这样的差距会给孩子的心灵造成影响。

有一天,主人要在家里请客,需要忙到很晚,便和女佣商量,让她把她孩子接过来。女佣将孩子接过来,怕他会给主人带来什么麻烦,便把他藏到了主人不怎么去的洗手间里。她拿来一个盘子,拿出在路上特意给孩子买的香肠和面包,并且告诉孩子，这是宴会主人特意为你留的房间。

孩子从没有到过这么好的房间，也很久没有吃过这么好吃的食物，他开心地蹲在地上，将食物放在马桶盖上，愉快地享受自己的食物。

主人无意间发现了孩子，他惊讶地问："你怎么能在这里吃东西呀，你知道这是什么地方吗？"孩子说："这是宴会主人特意为我准备的单间，你看这房子多么漂亮，这个香肠我已经很久没有吃到了，你愿意和我一起享用吗？"

主人热泪盈眶，他去取了两大盘食物，模仿孩子的样子，将餐盘放在马桶盖上，坐在地下，陪着孩子一起吃。

客人们没有见到主人的踪影，前去寻找，看到一大一小两人围着马桶盖愉快地用餐，纷纷被震撼了。这些上层人士、社会精英，端着他们的食物纷纷赶了过来，将一个洗手间挤得满满当当。

那一天，很多富人，用善意维护了一个孩子的自尊。

对于别人的帮助，所有人都会感激，但是没有人会愿意被人戴着有色眼镜观看。没有人愿意一辈子接受别人的施舍，也没有人愿意接受别人居高临下的对待。所以，最高贵的施舍是让受施者感到有尊严，这样，我们的施舍才达到了最原本的目的。

6. 避免好心被当成驴肝肺

某项社会调查显示，如果一个人在工作生活中总是能够保持实话实说的坦诚态度，那么别人对他的评价总是亲切、随和。

反之，一个人如果总是忌病讳医，别人对他的评价总是有隔膜、有距离感。

但是尽管如此，说实话也是要分场合的，也要讲究一定的方式方法。大多时候，我们的实话实说非但没有让我们赢得别人的信任和好感，反而会让我们的好心被当成驴肝肺。因此和别人交流的时候，千万不要以为自己是好心便可以口无遮拦，想说什么便说什么。生活中有很多善意的谎言是必要的，学会委婉表达自己的观点，才能受人们欢迎。

微博上，有个知名出版人发表了这么一条信息，引起无数吐槽：

关于旅行，我建议但凡有条件的青年，在30岁前要去这4个城市：台北、东京、纽约、拉萨，这对了解世界有帮助。还有，35岁之前买了房子的小伙子，不会有大出息。

微博发出以后，网友们纷纷评价，不知道他定义的出息是什么，是加官晋爵还是富可敌国？是争名夺利还是哗众取宠？每个人的价值观不一样，他不应该把自己树立为别人的人生导师。

后来，这位出版人解释了这段话。他所说的"35岁以前买房子的小伙子不会有大出息"，说得是年轻人应该趁着自己年轻多到外面走走，多去了解一下外面的世界。正如古人所说："读万卷书，行万里路。"如果刚一出社会，就选择屈服于房价，一旦成为房奴，就会失了自由。

这位出版人还提到，他们单位刚进来一批刚毕业的大学生，一个小伙子说他目前最大的渴望是给自己买一套房子。他当时劝阻，说："二十来岁干吗着急买房子，还不如趁着年轻多出去走走，否则每天背着高额房贷，真的累得够呛。"那位年轻小伙子频频点头，他却有些后悔，万一这小伙子把自己的话听进去了，日后房价大涨怎么办？他最怕的是自己好心办了坏事。

在人性上，任何人都喜欢听好话，喜欢听到别人的赞扬。会办事的人，即使觉得别人做得不好，也不会直言相对；而那些生性狡猾、见风使舵的人，则更擅长阿谀奉承；而对于那些忠诚耿直的人，如果不分场合地选择实话实说，就容易得罪人了。

生活中有时候还是需要点"谎言"的，实话在某些场合并不受欢迎。比如我们可以设想，如果甲对人总是以诚相待、直言不讳，人们因此认定他是一个值得信赖的好人，所以乐于与他深交，并在人前人后夸赞他。也就是说，甲的真诚为他赢得了报偿，带来了利处，那么他又何乐而不为呢？

如果情况与此大相径庭，比如甲认为同事乙的衣服难看，便马上对她说："腿短而粗的人不适合穿这种裙子。"结果，乙脸一红，扭头便走，留下甲发愣。或者甲当着公司经理的面指点丙说："你的稿子里错别字很多，以后要仔细些。"实话固然是实话，但没多久就有人传言，说甲惯于在上级面前打击别人，抬高自己……倘若如此，甲恐怕会意识到自己的真诚并不那么受人欢迎，既然这样，又何苦那样做呢？

怎么做才能既表达出我们的真实感受，又不伤害别人呢？正确的思路是：先要学会"顺情说好话"，俗话说："因情说好话，耿直讨人嫌。"著名的相声演员牛群曾说过一段相声，强调"生活中有时需要谎话"，博得了观众的认可。

其实，现实生活中经常会见到"说谎"的人，比如：朋友让你看一下他新买的衣服，明明你不喜欢，但是如果你说不好看,只能打击他的自尊心。于是你只好说:"很好看,并且很适合你。"

同事做了一个项目,明明非常普通,他还要拿到经理那里去显摆一下。为了不让他丢人,你如果说:"你的这个项目一点创意都没有,还是不要给经理看了。"这样,势必会让他对你产生反感。因此你可以这么说:"很不错的想法,不过,你最好自己再修订一番,然后再拿给经理看也不迟。"

一个相貌平平的朋友,非要去参加选美,如果你直接阻止她,她不但会认为你不懂欣赏她的美,反而会觉得你根本就是在嫉妒她。所以你只能说:"你的形象毋庸置疑,但是选美是需要综合能力的,各方面你都要考虑一下……"所以说,真诚并不等于不假思索地将自己的感觉和想法说出来。很多时候,就算你的想法是正确的,也需要一个时间去证实。日常生活中,人们对事物的看法都是仁者见仁,智者见智,本无所谓对错。如果你仅仅以个人主观喜好来评判一个人的想法、态度或者行为,那么,你的实话实说,只能让别人对你产生不好的印象。

7. 警惕第一次见面就很亲昵的人

我们的善良,要给那些真正需要的人,而不是盲目地见人就挥霍。生活中,我们经常会遇到这样的情况,我们与对方并不相识,对方却自来熟,见到你如同见到亲人一样。

事实上,两个陌生人第一次见面,通常不会非常热情。除非是一些长者的确是对你疼爱有加,偶尔拍下你的头、肩膀。除此之外，第一次见面就自来熟的人不是有求于你，希望你购买他的产品，就是骗子，希望蒙蔽你的大脑，让你放松警惕。

即使不是以上的两种人，那么也是一个以自我为中心，自信过头的人。他那种亲昵的说话方式和举动，只是为了增加你对他的好感，以备日后所用。如果遇到了这样的情况，要学会适度地与他们保持距离，若是我们用一腔热情对待回去，吃亏的只会是我们自己。

有一次，晋东到中关村为公司买打印机，他进了一家卖打印机的店，想先了解一下价格。没想这家店里的店员非常热情，一开口就说："哥，您打算买个什么牌子的，咱店是惠普和爱普生的代理，款式挺多的，你看看。"

看了一圈，晋东觉得都不太合适，于是打算到别的店里去看看。这时，那位售货员又走过来热情地对晋东说："哥，我可以带您到其他打印机店看看，我是这里的促销员，比较熟悉附近的打印机直销店，而且还可以帮你砍价。"

晋东同意了那位售货员的请求，于是和她一起到别的打印机店看货。他们一边走，售货员一边帮晋东介绍，告诉他买打印机应该注意些什么，并且告诉他哪些牌子的打印机售后服务又方便又好，还有哪些打印机的色彩效果好等等。

虽然他们走了好几家店，看了很多种机型，然而晋东依然没有选到自己满意的打印机。但是，那位售货员并没有觉得厌烦，还是很热情，和晋东边走边聊，俨然一副老朋友的样子。

终于，晋东实在不好意思继续让这位店员陪着自己到处逛，只好决定回去买她店里的打印机。等到付完钱，他又去别的店一打听才知道，原来同样的款式，他竟然多花了两百多。我们都知道，没有人会平白无故地对你热情有加，尤其是陌生人。通常一见面就喜欢和你套近乎的人，大抵都是有目的的。这个时候，我们一定要辨清对方的意图，否则等到自己中了别人的圈套，受到损失，后悔可就晚了。

有一次，王蒙到河北出差，在火车上认识了一个自称是老乡的人。一路上那人不断地询问王蒙一些家乡的情况，说自己已经好多年都没有回过家了，甚至连乡音都变了味了，如今见到老乡，真是又亲切，又失落。说着这些，眼神中还流露出一些悲凉来。

王蒙见此，赶忙安慰一番。就这样，那人越聊越起劲，最后拍着王蒙的肩膀说："兄弟呀，人们都说老乡见老乡，两眼泪汪汪，可真是不假，如今能在他乡见到故乡人，真是让我惊喜。兄弟你去哪里？要是能顺路，我们正好能相互照应了。"

王蒙刚说出要去的地方，那人马上答："怎么这么巧呀，现在终于有个伴了。"说着拿出一堆水果、饮料、零食给王蒙吃。因为聊得投机了，王蒙也没想太多，那人让吃他就吃了。这时，外面的天逐渐黑了，火车要第二天才能到达王蒙要去的地方，吃完对方给的水果，王蒙感到迷迷糊糊的，随便趴在座位就睡着了。

当他被查票的乘务员吵醒的时候，发现夜已经很深了。一摸自己的口袋，钱包没有了，转头再四下搜寻那个"老乡"，人早不在了。

在生活中，尤其是一个人出差，当有陌生人与你亲昵搭话的时候，一定要多留个心眼。尤其那些自称和你有某些关系，或者热情地要给你吃这个、给你看那个的，千万不要实心眼儿地一味相信。社会上的一些骗子,就是用这种手段,先骗取你的信任,然后给你下药,最后盗取你的钱财。所以,当遇到那些一开始就和你攀亲戚、攀老乡、和你套近乎的陌生人时,我们一定要尽量回避。

因为,由于人性的弱点,或是受利益的限制,人们在与陌生人交往时,都会不自觉地戴上面具,把真实的自己隐藏起来。让人难辨真假,这就使得人际交往变得复杂和困难起来。

所以,在日常生活中我们可以善良,但千万要记得保护好自己。练就一双"火眼金睛",依靠理智和智慧在不动声色中看清他人的不轨意图,以此来保护自己。

8. 别人的甜言蜜语,也许另有所图

走在大街上,如果有陌生人主动走过来和你热情地打招呼,那多半是推销商品的;如果在车站遇到这种满口甜言蜜语的人,那么就要特别小心了,因为对方很可能是骗子,目的是要你掏钱……

我们可以善良,但是也要明白,这些人之所以表现得如此热情,不是有事相求,就是你身上有利可图。有时候,甜言蜜语是一种病毒,一经感染,轻者不辨是非,重者声名尽毁。

杨絮毕业后的第一份工作找得颇为顺利。那天在招聘会上,公司的老板就明显对杨絮很有好感,连连夸她是个有气质的女孩,说第二天就可以来上班。

满心欢喜的杨絮第二天按时来到公司接受培训,老板单独

把她叫进办公室，依旧是热情的谈话，还向杨絮展示了他的相册。后来竟然谈到他的家庭是如何如何不幸，老婆多么不好等等，杨絮多少感觉到了不对劲。

不久，老板又请杨絮出去吃晚饭，说不去就是不给面子。她不好拒绝，只好答应。到了餐桌上，老板非要她喝点酒，并一再说："今后想要有大发展，就必须会点应酬，一点酒都喝不了怎么成？"无奈之下，杨絮只得从命。

接着老板说："小杨啊，你很漂亮，男人都会喜欢你，我当然也不例外。但是公司这么大，我会克制住。你就把我当作一个年纪大一点的朋友，好吗？你放心，我保证不会亏待了你。"

杨絮看穿了老板的意图，当即悄悄给朋友打了电话，要朋友来接自己回去。第二天，杨絮连辞职信都没留，再次开始投简历，决心重新找工作。后来她听说，和她一同进公司的一个女同事，跟老板的关系暧昧不清，老板的老婆还来公司大闹了一场，最后老板没办法，将那个女同事辞退了。杨絮真是庆幸自己当初没被老板的甜言蜜语哄骗住，要不然，现在还不知道是什么下场呢！

没有任何人有义务，天天对你说些优美动听的话来讨你欢心。那些动不动就把甜言蜜语挂在嘴边的人，背后大多有着不可告人的意图。如果能及早认清事实，从中脱身还好，若是陷入这个"蜜糖罐"中难以自拔，那么最终必将付出惨重的代价。

有位哲学家说："许多吻你手的人，也许就是要砍你手的人。"也许你觉得有些人的甜言蜜语说得特别真诚，但是他们也许暗揣着阴谋，以至于将你引入他早就设计好的圈套中，你还心甘情愿地陶醉在那些虚无缥缈的甜言蜜语里。

甜言蜜语好听,是因为它能使我们心情愉悦,并在某种程度上满足我们的虚荣心。但在听得同时也要保持头脑的清醒,听一听、笑一笑、乐一乐、给个面子就可以了,不必当真,更不要放在心上。当然,能看得清对方的目的更好,这样从一开始就可以拒人于千里之外,让对方连开口发动"糖衣炮弹"的机会都没有。

刘嘉禾在一家国企上班,聪明能干的他在单位里左右逢源,不过三年就被领导提名担任副科长一职。

一天,一个多年不见的老同学拎着大包小包登门拜访。刘嘉禾被这阵势吓了一跳,还没来得及问明白,对方便开始了一番热情的嘘寒问暖。

同学说:"多年不见,我真是想念当年的兄弟啊!"接着,同学罗列了一堆刘嘉禾当年的"丰功伟绩",无非就是些乐于助人、拾金不昧的小事。

然后,同学又夸了刘嘉禾的现状:"当初咱们在一起上学的时候我就知道,你是咱哥几个里面最有出息的一个,你可是我们的骄傲啊……"

后来,同学话锋一转,又说:"你是个仗义的兄弟,跟着你混准没错儿……"

刘嘉禾总算听明白了,原来这同学是瞅准了自己副科长的帽子,走后门来了。但进国企哪有那么简单?自己也没有这方面的权力,再者说,就算费尽心机将他弄进单位,也只能是个不起眼的小职员,得从最基层干起。这人心气高、性子急,难保会沉不住气给自己惹麻烦。

刘嘉禾想了想,叹息一声感慨似的说:"别看兄弟我表面风光,其实苦得很!虽说有个科长的名号,但终归是个副的,说白了,就是给上边儿打下手的,没什么权力,说话也不顶用,平时没少看人脸色。而且处在'副职'上,升迁遥遥无期,没个盼头。早知道这样,当初还不如学你做点小生意来得自在,也不至于干这提心吊胆的苦差事……"

刘嘉禾一番话说得委实辛酸,让同学也不好挑明了话再提请求,便寻了个借口告辞了。

嘴上的甜言蜜语通常与心里的如意算盘是同时进行的,对方在对你说着蜜糖一样的话时,也在思量着该如何用自己的"嘴"说动你的"腿",为他办事。如果这件事在你的能力范围内,而且不会对你造成不利影响,那么不妨做个顺水人情。但难就难在你对这件事情爱莫能助,这个时候如果被动地听完人家的一箩筐好话却无法给人办事,于双方的面子都下不来。

所以,最好的办法是,在对方提出不合理要求之前,就趁机截住他将要说出的恳求,化被动为主动,当诉苦的角色转变,他自然无计可施,不会再死皮赖脸继续说下去。

能够识别出华丽外衣包裹下的不轨意图,不为之所动。能够把溢美之词、浮夸之言、虚华之语拒于心门之外,是一个人成熟的象征,也是为人处世的必备手段。

9. "热心"过度,好心办坏事

在日常生活中,无论是接客待人还是与朋友相处,我们总是提倡要表现出足够的热情,否则就有冷落别人的意味。然而,凡事都有一个度，热情过头了就会给人一种压力，失去人与人之间应该保持的距离。也容易好心办坏事，给自己的人际关系带来不利。

美籍华人周进财先生，是早年出国的华县人，如今的他已经功成名就。听说家乡还很穷困落后，所以，他在给亲人的来信里说，打算回家探亲，并且想为家乡的经济建设尽自己的一份绵薄之力。

县里的领导们听到这个消息，专门开会研究怎么接待这一海外归来的"财神爷"，再三研究之后终于拍板了。副县长亲自用豪华的小轿车去省城里接周进财，让贵客住在县里最高级的宾馆，当天晚上接风宴又十分隆重，让周先生受宠若惊。

县长、副县长等领导班子全部出现了，县长坐在周先生旁边，对服务员小姐端上来的一道道美味佳肴亲自作介绍。一边介绍还要一边偷偷看着旁边的菜单，看来县长对这些也并不熟悉。周先生的堂弟对他说："县里这次对你真够意思了，咱这一顿饭就吃了两万。"

说实话，华县并不富裕，摆出如此的宴席，真是不多见，那些陪客看到如此的美味更是吃得十分投入。而在海外归来的周先生看来，很不雅观，更无法接受这种山区文化。

一顿饭吃了三个多钟头，周先生把陪客们送出时已经很晚了。等陪客们散尽后，堂弟拿出酥饼，说："哥，这是你写信回来说想吃的，你刚才吃了那么多好吃的一定吃不下了吧。"周先生连忙抢过堂弟手中的酥饼高兴地吃了起来。

"哥，难道刚才的宴会你没有吃饱？"

"那酒席哪能吃得下啊，听说家乡乡亲连三餐都吃不饱，我们吃喝破费得这么厉害，这么吃下去哪能行啊。"

第二天一早，周先生拒绝了县里为他安排的其他活动，和堂弟吃了一些家乡小吃，捐出了十万块钱给村里建小学。

事后，周先生在给堂弟的信中写道："这次回乡感慨很多，县里领导的热情，我实在难以接受。家乡的父老家境贫寒，我们一顿饭就吃了两万多，本来想投资建设家乡，可是现在看来办事者如此的大手笔，多少钱能经得起他们这样挥霍。捐十万块钱给村里建小学，以表示对家乡的挂念，盼望家乡早日出现善于理财的官员。"

原本县里官员的热情是好心，害怕怠慢了前来投资的贵客。可是他们却没想到，自己的热情过度却吓跑了"财神爷"。把握好热情的分寸，处理好与人的距离，才不会好心办坏事。

在和别人交往的时候，一定要在对方能接受的范围之内，不要让你的热情成为别人的负担。在我们向别人表示热情友好的时候，务必要记住：这一切都必须以不影响对方、不妨碍对方、不给对方增添麻烦、不令对方感到不快、不干涉对方的私生活为限。否则，很容易让人产生怀疑和误解。

比如，你逛街的时候，走到一家商场，女售货员对你冷若冰霜，你就一定会不高兴；但是，她对你异常热情，甚至不停搭讪，顺势推销自己的商品，你也会感到很不舒服，甚至会产生反感。所以，人际交往也是如此，过度热情会给人一种做作、矫情的感觉，让对方想要找借口离开你。

周鼎是一名销售人员，人不仅沉稳而且深得客户的喜欢，平时也是公司里面的一把好手。虽然他在公司里面是最小的，但是每个月的销售量却比一些老员工还要高。当别人问起他的销售秘诀时,他总会说:"鱼是要慢慢收网的。"

有一次,周鼎和公司另外一个销售人员一起去见客户,先前周鼎和客户打过招呼。吃饭期间,周鼎只是浅谈了一下生活方面的问题,公司方面的业务根本就没有提,这可急坏了旁边的同事,可是周鼎但笑不语。

出来后,同事一个劲地埋怨他,觉得他不懂得抓住这个时间跟客户讲一下工作方面的事情。周鼎笑着说:"你如果那样,客户早就跑了。"原来,周鼎的销售方法跟别人完全不一样,当别人围着客户团团转的时候,周鼎只是淡定从容地等准备就绪后再收网。他明白,客户通常最讨厌的就是这种热情过度的销售人员,你越是热情备至地向他推荐你的东西,他越是会有意疏远你。所以,周鼎不缓不急,慢慢收网。果然,第二天,那边就又打来电话找周鼎商谈工作了。

或许,有很多人都怕别人冷落自己,怕人际关系搞不好,于是便急于表达自己的热情,经常就是没话找话。但是,他们却忽略了,人与人之间感情的培养是循序渐进的。俗话说:"路遥知马力,日久见人心。"不到一定的程度,人与人之间的感情是不会变得深厚的。"拔苗助长"只会早早地让彼此的关系夭折。

所以在与人相处的时候,最好要留有余地,过度热情,只会让对方产生疑问而且倍感压力。在一种轻松自在的环境中,用一颗淡定的心话话家常,又何乐而不为呢?

第十章

善良的人要为自己而活

1. 讨好别人不如取悦自己

李霞大学一毕业便到一家公司上班，在这个公司里，她兢兢业业，以帮助别人为荣。别人若是对她态度友善，她便很开心，如果有一个眼神不满，她一整天都会情绪低落。

每天在公司，她都把自己过得很累，生怕自己哪里做得不好让别人不满意。只可惜她每天小心地讨好这些人，却没有换来相应的回报，很多人对她的讨好不屑一顾。在这些人眼里，她的付出都是理所当然的。

渐渐地，同事们便开始让她做一些分外的事情，反正她从来不拒绝，同事们一个个都心安理得。后来，李霞越来越累，心力交瘁中选择离开了公司。

在第二家公司，李霞吸取原来的教训，不再去讨好别人，安安静静做自己分内之事，不再去刻意讨好谁，也不再去考虑别人怎么评价她。渐渐地赢得了别人的尊重。

讨好别人，在理论上是一种投射性认同方式，过度地讨好他人，或许是这世界上内耗最高的事情。当你全身心去注意他人的情绪时，往往会忽略自己内心的声音。

李霞原来的做法就是太重视别人，反而忽略了自己。试想，当你自己都忽略自己的时候，谁还会将你放在心上。

因此，讨好别人，倒不如去取悦自己，只有取悦自己，别人才会来取悦你，而你的价值，才会让他人注意到。取悦自己，绝不是自私的，也不是为了得到什么，而是让自己变得舒心快乐的同时也能感染周围的人，大家一同快乐。只有在自己的世界里快乐地生活，才能更好地面对自己，面对别人。

一位诗人去找他的禅师朋友，说出了他的烦恼。这位诗人的名气其实已经很大了，但他烦恼的是他还有很多的诗没有发表，也没有人去欣赏。

禅师听着他的烦恼，目光移向窗外，指着窗外的植物问他："那是什么花？"

诗人不假思索地说道："夜来香啊。"

禅师说："对，夜来香。因为只在晚上开花，名字由此得来，那你知道它为什么不在白天开花吗？"

诗人摇头说不知道。

禅师笑着和他说："它不和其他花比娇艳，它夜里开花，不为别人，只为取悦自己。"

那些白天开的花，都只是为了引人注目，得到他人的赞赏，而夜来香最为难得，纵然夜间无人欣赏，它也独自怒放，把芳香留给自己，只为让自己快乐。我们身为一个人，领悟力难道还不如一株植物？

所以，取悦自己是一条自我关爱之路，它不同于"自恋"，而是更人性化地对待自己，这也是提升一个人自我价值的重要方式。

一个人，只有取悦自己，才能不放弃自己，才能提升自己，才能更好地影响他人。要知道，我们存在于这个世界，不是为了讨好别人，而是为了让自己更好地活着。

取悦自己，是接受自己的一个过程。接受自己，不仅要接受自己的优点，还要连自己的缺点一并正视和接受。这不是自恋、不是盲目，也不是抵抗世俗，而是让自己变得更加美好的同时，让周围的一切也变得更加美好。

你会发现，当你开始选择去取悦自己，世界将变得不一样。有的时候，随着时间的流逝，我们都不再去取悦别人，而是跟谁在一起舒服就和谁在一起。对于那些让自己不舒服的人，让自己觉得累的人，自然而然远离也就是了。

无论在生活还是职场中，你会发现，有的人是讨好不了的，也是取悦不了的，与其费心思在别人身上，不如花时间好好充实自己。

人的精力总是有限的，给自己留更多一点的时间。取悦自己，不是一种自私，而是记得初心，知道自己要往哪里走。

当你开始取悦自己，你的身心就会变得更加美好，在这个浮躁的时代里，你的美好，对他人来说，充满着不可估量的价值。相反，当你对别人付出太多，自己就会变得薄弱，一旦你的可利用价值消失，交情也随之消失。

所以，我们要在不自私的同时，学会爱自己，宠自己，学会让自己沉淀下来。宁可孤独，也不违心。宁可抱憾，也不将就。

2. 不必总是活在别人的眼光里

你是不是经常遇到这样的情况：出去玩耍，别人看你一眼便立即反思自己穿的衣服是不是不合适；给朋友发信息，十分钟朋友不回复，就在想是不是自己以前说了什么话让朋友不高兴了；别人一个眼神看过来，就在想这是什么意思。

你是不是总是因为别人的行为语言而过度焦虑，让自己心中难受？如果是的话，心疼一下自己吧，你总是活在别人的眼光里，常常在别人的眼光中失去自我。想要让每个人都喜欢自己，这是不现实的。每个人有各自不同的想法，太在意别人的想法，只会让自己变得精疲力竭。对于那些无足轻重的人，我们不要太过在意他们的看法。

列斯科夫说："这个世界上有两种人，一种是活给别人看，一种是给自己看。"活给别人看的人，总是会战战兢兢，在别人眼光下讨生存，将自己搞得心力交瘁。其实，你要明白一件事。在现实生活中，大家都在忙自己的事，哪里有那么多时间和精力去天天关注你，你所谓的别人看不起你，很多时候都是自己给自己的暗示。大家关注最多的永远是自身，很少有人会去在意你的想法，你过于敏感，其实就是自己太不自信。

释迦牟尼是印度一国的王子，他出身富贵，只要他按着父母给他安排的道路走下去，那么便会无忧无虑地度过自己的一生。但是，让所有人惊诧的是他们的王子出家了。他离开了自己的国家，踏上了漫漫苦修之路。

没有人理解他的做法，包括疼爱他的父母。他放弃了富贵荣华，选择餐风饮露，去吃从来不曾吃过的苦。

然后，他向各阶层说法教化，纠正了时代文明的偏失，维护了刹帝利的阶级利益，他被尊称为释迦族的圣人。

若是释迦牟尼当初太过在意别人的看法，就在自己国家过着父母给他安排好的生活，他一定会泯灭于历史长河之中，如何可以像如今一样,享受众生敬仰,千百年来受尽万家香火。

三毛在《梦里花落知多少》中曾说:"生命短促,没有时间可以再浪费,一切随心自由才是应该努力去追求的,别人如何想我便是那么的无足轻重了。"

所以,不要活在别人的嘴里,不要活在别人的眼光里,试着将命运把握在自己手里。人这一生,值得你去关注的地方很多,不要因为别人的一个眼神,就将自己轻易否定,你要学着将自己从别人的评价中解放出来。

要知道,在人生的旅途中,方向是由你自己把控的,你生命列车的主人只有你自己。不要让别人去驾驶你的人生列车,稳稳地将方向盘把好,或倒车、或停车、或转弯,那都是你自己的选择。人生的旅途短暂,珍惜自己的生命,别人的意见可以参考,但不要像浮萍一样,太过随波逐流。

不让别人的意见淹没了你的心声,最重要的是拥有跟随内心和直觉的勇气。你的内心和直觉知道你自己真正想成为怎样的人。如果你无法做到不去在意别人的眼光,那么尝试去做这几点:

首先,要看到自己。

或许你以前太习惯注意别人的想法,总是忽略自己的想法。现在,尝试去注意自己。用心地去听你内心的声音,知道自己到底应该如何去做。然后试着跟着自己的心走,至于别人的看法,实在没有什么理会的必要。

其次,重新认识自己。

很多人太在意别人的看法,很重要的原因之一就是妄自菲薄。他们老是觉得自己什么都不如人,什么都差,将自己批评得一无是处，然后希望在别人的眼光中找到自己存在的价值。但是，要知道人无完人，每个人都有自己的缺点，你要是抱着缺点不放，如何能呼吸到正常的空气，如何能向正常人一样生活？

最后，试着去接纳自己。

认识到自己的缺陷不足之后，同时也要去找到自己的优点长处，然后将优点、缺陷一一接纳。很多时候，你要把别人的眼光当成自己前进的动力，而不是理所当然地将它们视为压力。

一个人在社会中，完全不在意别人的想法自然不现实，但是要是整天因为别人的想法患得患失，从而迷失了自己，只会让自己对这个世界感到失望。所以，不要太刻意地在意别人的想法，要对自己有一个客观的认识。去做你自己认为正确的、应该做的事情。

3. 不必逞强，你没那么坚强

我们自小就被灌输了自立自强的概念，觉得无论面对什么都要自己去抗，无论面对什么事情都要自己去处理。于是渐渐地，我们便习惯性地硬撑着微笑，硬撑着开朗，硬撑着接受自己承担不起的一切，习惯性地将硬撑视为坚强。

坚强本无可厚非，但是承担自己承担不了的东西，那就是逞强。过于逞强会让别人觉得你什么都可以，旁人也无需对你提供任何帮助，日子久了，你会麻木到连自己都以为自己不需要别人的帮助，理所当然地将压力背负在自己身上。

所以，无论是面对什么，你都要学会恰到好处地示弱，适时卸掉一些本不该属于你的负重。

倪希男办事干脆利落，理所当然成了领导的左膀右臂。大家觉得她比别人付出多是应该的，反正她有的是精力。然而很少有人知道，她为了完成多出来的工作，常常加班加点，自己工作到深夜。

她的男朋友在她的映衬下，便显得尤其的微不足道。两个人一起出门，检查钱包钥匙的是她；刮风下雨担心门窗没关的是她；亲朋往来间，担任主角的也是她；甚至车胎爆了，第一个下车的也是她。

在她扮演的所有角色中，她简直是无所不能。然而，她男朋友却离开了她，选择了和公司前台弱不禁风的小姑娘在一起。

年轻人确实应该努力，但也不要太过逞强，太过逞强，将自己的弓拉得太满，再好的弓也会被拉断。

人不能过于柔弱，也不能将自己当成超人过于逞强。要记住，适时示弱是个获得帮助的好方法，千万不要练就一身本领，而忘记了自己承担的重压。

恰当地示弱并不是无能的体现，而是卸掉一些本不该属于你的负担，得到一些本该属于你的关怀。你要抽出一点时间，从忙碌中抽身，给自己减负。你要知道，这个世界，并不是没了你就不能运转。

聪明的人，是会懂得公私兼顾，公司和家两个都打理得井井有条。在公司积极上进，回到家便可以将绷紧的弦稍微拉松。一张一弛，也能给自己留下喘息的余地。

常言道："物极必反，水满则溢。"我们应该慢慢领悟到，凡事需要把握一个合适的度，一切要懂得适可而止。我们在处理问题的时候，要给自己留有一定的余地，凡事有个度，留有余地才能让生命走得更长更远。

该坚强的时候坚强，该脆弱的时候就不要过于去逞强。在重压面前，学会示弱，才会更好地生活下去。

山谷的冬天，其他树木都不甘积雪的重压，纷纷折枝，而雪松却能屹立不倒，这是为什么？因为当积雪到达一定程度时，雪松树枝便会慢慢向下弯曲，继而将身上积雪去除，完美地减轻自己身上的重担。

做人亦是这样，太过逞强往往会遭遇许多不顺。倒是很多人，面对压力选择忍让，心境宽容，做事反而能持之以恒。在人与人的相处中，适度地示弱有时是一种真诚，它可以消除隔膜，增进彼此的关系。

示弱并不意味着软弱可欺，更不意味着自我贬低，适时地示弱是一种尊重、是一种礼让和宽容、是一种处世的智慧。

所以，你要是聪明的，就要学会去示弱，学着借外力去处理一些事情，不要将全部压力背负在自己身上。

4. 要照顾别人，先把自己照顾好

人生在世，谁都想将工作生活都兼顾好了。所以工作上不敢有半点马虎，家里事情不敢有丝毫含糊，拼命去赚钱，拼命去努力，拼命去维持着自己想要维持的一切，但总是忘了要把自己照顾好。

换一个角度来讲，你若爱你的丈夫、孩子、父母，想要很好地照顾他们，首先你自己要有一个健康的身体和良好的情绪，这样才能够更好地去爱他们。若是你自己状态不够稳定，那你给予别人的爱一定是欠缺的，很有可能让接受它的人心有不安。

所以，从爱别人的角度来讲，也应该学会爱自己，首先将自己身体和情绪照顾好了，才能给予他们最好的爱。

2016年9月，一条信息刷屏：90后女演员徐婷因患淋巴癌于9月7日在北京304医院去世。

徐婷虽然死于癌症，但也和常年生活、工作压力大有很大的关系。徐婷家里兄弟姐妹多，她排行老三，后面还有四个弟弟妹妹。大学没读完她就带着三百块钱北漂，这三百块钱，在二三线城市都活不了几天，更不要说在北京。她拼了命地拍戏，她说："我无数次地熬夜拍戏，压力大到喘不过气来。"

她所有赚下的钱，全部拿回去给弟弟妹妹交了学费、给房东交房租、替父母还债……她无数次熬夜拍戏，累得腰椎间盘突出却依旧在大冬天泡在冰水里，她透支着自己的生命在赚钱。

在我们从小到大接受的教育里，始终都在强调，舍己为人，永远将自己排在最后。但是，如果满心里全是别人的影子，不将自己放在心上，那么注定会失去自我，甚至得不到一个好的结局。

所以，一定要先爱自己，先照顾好自己，每天给自己新鲜的养料。因为你坚持奉献自己，以别人为中心，很可能会碰壁。只有学会关爱自己，才能不断焕发生命的活力。要学着去照顾自己、心疼自己。

贾辰今年不过二十七岁，结婚两年，已经是两个孩子的母亲。当初结婚，她放弃了自己的工作，将一颗心全都放在了丈夫身上。后来孩子出生，又将全部精力放在孩子身上。

初见贾辰时，没有人认为她只有二十几岁，一脸的沧桑，完全没有年轻人该有的活力，看起来就像三十五六岁。

她说她过得一点都不幸福，她为老公付出了所有，但老公生命里好像就没有她存在的痕迹。反而经常和她吵架，嫌她烦。

贾辰的错误就在于，太重视别人，太轻视自己，她一心想要照顾好丈夫孩子，一心要将家维持好，却总是忽略自己，明明年纪轻轻，却将自己搞得一脸沧桑。

毕淑敏在文章中曾写过这样一句话：等着躺进坟墓才想起是为自己而活，才开始享受生活。这样的生活，我们一定要竭力避免。从现在开始，就开始好好地去爱自己，把自己照顾好。

要记住，照顾好自己是照顾好别人的前提。当你重视自己的时候，你也会平等地看待对方，对方也会平等地去对待你，这样两个人才会平等。否则，你将全部精力投放在别人身上，就像将所有重力压在了跷跷板的这头，另一头势必为人所忽视。

一辈子没有多长时间，所以，善良的人，在你拼命为别人着想，拼命想着去照顾别人的时候，不要忘了先照顾好自己。在这个世界上，只有一个人是永远不会离你而去，这个人就是你自己。在照顾别人之前，一定要爱自己多一点。爱自己多一点，那样你的人生就多一点阳光，少一点凄风冷雨。

自己学会去爱自己，才可以更好地去爱别人。

5. 为别人着想，也要为自己考虑

　　为别人着想，是中华民族的传统美德。在我们面对一些问题时，如果能站在别人的角度上设身处地为他们着想，那么或许原来困惑不解的问题，都会变得豁然开朗，人际关系也会得到显著提升。为别人着想，这是一种修养，是一种睿智，是为善之本。但是，在为别人着想的同时，也千万不能忘了自己。人是为自己而活，在为别人着想的同时，也要记住为自己考虑。

　　你可以尝试着去做一个实验：将你的手放在心脏的位置，让你手掌的温度传递到心脏，然后感受心脏的跳动。你对自己说，我是为了自己而存在于这个世界，不是为了其他人。坚持做一段时间，看看自己的内心会发生什么样的变化。日子久了，你会明白，你是为了自己而存在的，要记得为自己考虑，什么时候都不要忘了自己。若是总是忽略自己的感受，总是追逐外在的价值，那么生命或许会变得无味。

　　王欣是大家公认的贤妻良母，无论是照顾婆婆、老公，还是孩子，里里外外都是一把好手。原来在职场上，她也是公司老板的得力干将，本来马上就可以升职加薪，但为了男友，她果断放弃了自己的事业。男友母亲生病了，她也是忙前忙后地照顾。

　　就连结婚，她知道男友压力大，也没有要房子，直接便领了个结婚证。她为这个家可以说是付出了一切。

　　她怀孕期间，婆婆生着病，还得她去照顾。然而她一次次地付出，并没有换来丈夫和婆婆的感激，反而对她变本加厉地呼来喝去。

王欣的问题就是为男友考虑太多，无论大事小事都为他考虑得周到，自始至终都忘了去考虑自己。连她自己都想不到自己，更不要说其他的人。

照顾别人最基本的是考虑好自己，将自己的一切打理好，学会勤于律己和校正自己，学会爱自己。学会为自己考虑，是我们在孤立无援的时候给自己一双充满能量的手。学会为自己考虑，是能让自己在暴风雨中也能屹立不倒，保持自己的韧性。做一个这样的你，将会感到心灵的富足，不去害怕失去什么。学会为自己考虑，是真正懂得爱世界的人，她也将会得到这个世界的爱护。

与王欣相反的蒋友，是一个很会过日子的女人。她每天将小家庭的生活打理得井井有条，像洗衣服、刷碗、拖地什么的，就让老公去做，自己也能留出来一些时间充充电，做一下全身心的放松。

婆婆若是看不惯她悠闲的姿态，她就选择婆婆在的时候做家务，婆婆走了，她照旧做自己的事情。现在虽然是两个孩子的妈，却将日子过得有滋有味。

不是说我们要学蒋友那种婆婆在与不在要区别开来的两种表现，我们要学得是她处理关系的能力。她可以有选择地为丈夫做一些事情，但也要分一些事情给他。让他体验到自己的辛苦，这样也能有更多的时间留给自己。

为自己考虑，不是一种自私，而是一种谋略，懂得为自己考虑的人，才会在爱情与婚姻路上走得更远、更顺畅。为别人考虑,那是一种美德,但若是将全部身心都用在为别人好之上,那么对自己来说是一种不公。

父母会老,丈夫儿子都可能会离开,如果你不为自己考虑,将全部身心都扑在别人身上,未来有一天你老了,你去倚仗什么?你要明白,依靠谁都不会长久,所以无论什么时候,多为自己考虑一点。自己想要什么,那就去勇敢地去追求。否则等过了这个年纪,这些原本最喜欢的,已经不能再去触及。

每个人都是自己世界里最独一无二的那朵花,每朵花都有自己的娇美,无论是哪一种,都要去学会爱自己,为自己考虑。纵然有一天你爱的那个人选择离你而去,你也不要卑微地再去恳求,留不住的脚步你再努力也无济于事。人生很是奇妙,既充满了荆棘,也有鲜花围绕,苦难和甜美是并存的。

人生的旅途中,有人走有人留,生命也是这样相遇再错开。唯一能陪伴在自己身边的,只有你自己。所以,在为别人着想的同时,千万不要忘了自己。

6. 不做违背自己内心的选择

乔布斯曾经在斯坦福毕业典礼上演讲时说:"你们的时间有限,不要将时间浪费在重复他人的生活上。不要被教条束缚,那意味着你活在其他人思考的结果中。不要被他人的喧嚣遮蔽了你自己内心的声音、思想和直觉,它们在某种程度上知道你真正想成为什么样子,所有其他的事情都是次要的。"

遵从自己内心生活的人,他们活得未必轻松,在世俗眼里未必成功，但一定非常热爱生命，内心也一定是富足的。叔本华曾说："每个人都把自己眼界的极限，当作是世界的极限。"这个世界，有太多的可能，也有太多的活法，我们应该按照自己的想法去生活，才能看到更加精彩的世界。

纪实电影《内心引力》讲述了几位优秀创业者关于生活、关于创业和奋斗的故事。在人生的道路上，他们卑微渺小，或经历挫折一筹莫展，或面临苦难无所适从，但是他们共同之处在于无论面对什么，他们都遵从自己的内心，为未知的事业进行探索。"当你知道你的生命无法永生的时候，你就再也不能去过那种庸庸碌碌的日子了。"很多的时候，我们所做的顺应自己内心选择的事，这是与时代相背离的。但无论面对任何结果，都需要我们自己去努力，努力将我们所希望的结果呈现出来。

如果违背了自己的意愿，拥有了一个看似圆满的结果，但这个结果并不是你真正想要的，这样的结果纵然是好的，对你来说也没有太大的意义。

《倚天屠龙记》中，原本美丽善良的周芷若，在她师父的逼迫下，不得已做了种种违背自己内心的事情，最后走火入魔、误入歧途。她不愿接受掌门一职，却因为师父的命令不得不接受，她不愿去寻找所谓的九阴真经，却必须违背自己的内心盗取秘籍。本来周芷若是张无忌心目中唯一爱慕的那个人，她内心奢望的也不过是和他白头偕老，但一次次违背自己的内心，使她与张无忌越离越远。最后，周芷若一无所有，也算是为自己的所作所为付出了代价。

真正爱自己，并不是必须耗费掉自己所有的精力，去打拼什么辉煌的未来，而是努力做好自己喜欢做的事情，让现在的每一天，都以自己喜爱的方式度过。李开复谈自己的创业历程中说道："追随自己的心，做你自己擅长的、喜欢的事情，找准自己的人生方向，才能成就自己的一生。"

那么人生道路上林林总总，如何遵从自己内心，去做不违背自己内心选择的事情呢？

首先，去做你自己爱做的事情，做自己擅长做的、有天赋的事情。对于一个热爱旅游的人，你和他一谈到旅游，他就两眼放光，这样的人，你让他去做关于旅游的项目，效果一定不会太差。人在自己喜欢的事情上面，往往能释放更多的能量。

其次，对于别人的观点，你若是心里不认同，要适时地去拒绝。不能做的事情学着拒绝，这是一种智慧。

最后，选择了你自己想走的路，那便给自己定一个计划，努力去完成阶段性的目标。有了目标，有了方向，坚定了心中的信念，别人便不会因为其他事情过多地去干扰你。有句话说得好："如果你知道去哪儿，全世界都会为你让路。"

那些对梦想执著的人，那些坚守自己内心选择的人，都是这个时代的先锋，无论选择哪条路，都希望和那《内心引力》的主人公一样，坚守自己内心的原则，走自己想走的路。

不做违背自己内心的事情，这是人生的一种境界。只有自己真正了解自己想要什么，才能更好地走完人生路。如果违背了自己的内心，那便无法真正快乐起来。真正地学会爱自己，是努力做自己喜欢的事情，让自己内心充满喜悦。

7. 一生太短，你可以为自己做一回主

人生的路，无论悲喜，都是自己的。所过的生活，难过与否都得自己承受。所走的路累不累，只有脚知道。苦不苦，只有心知道。你自己过得好不好，只有自己知道。人生在世，不过数十年，你要学着为自己做主。

自己的人生是自己走出来的，别人的想法，不一定适合你。命运的主人是你自己，不要将别人的期望当成负担背在自己身上，勇敢地去做选择，承担你做的选择带来的一切后果。没有人能提前知道自己的未来，所有的后果需要自己承担，自己选择的道路，即便是走错了，将来也没有必要后悔。

于冬梅在扬州工作，今年刚好 27 岁，父母急着给她找对象，生怕她过了这个年纪再找不到合适自己的人。于冬梅没有告诉她的父母，在她的工作单位有一个离了婚的男人，那个男人虽然在年龄上大她好几岁，但对她一直很好，于冬梅也很中意他。

后来父母知道后，坚决不同意，非要在本地给她另找一个男人，逼着她去相亲。只见了一面，父母便逼着她今年内必须结婚。

于冬梅很是苦恼，从小到大她习惯听从爸妈的建议，读什么学校、去哪里工作、工作了到哪里住……她不介意男友有没有离婚、有没有孩子，只要是那个人就行。但她从没有忤逆过父母的意思，现在搞得很苦恼。

于冬梅太多地将父母的爱当成了责任背在了自己身上，既然是她自己喜欢的，她在心底其实已经做了决定，那就应该跟着自己的感觉去走。父母的建议只能是建议，毕竟未来过日子的是她，无论冷暖，都是她自己去体验。

做自己的选择，是勇敢面对自己人生的表现，是成熟独立的表现。选择自己想要的人生，会让我们内心更踏实，更成熟。过多地去追随别人的步伐，只会让我们慢慢失去自己的判断力，最终在繁华的生活中，失去自己的人生方向。

人的一生只有这么一次，纵然是人生航向上遇到了大风大浪，也要勇往直前，努力拼搏。而不是任命运摆布，毫无目的地随风漂流。乘风破浪的壮志，这是每个人都应该有的，是每个人都应该去实现的。你的人生若你自己都放弃了，还有谁能能替你力挽狂澜，谁能解救你于水火？

肖玉琴今年四十多岁了，她现在生活得很好，老公开公司，儿子上大学，一家人其乐融融。

然而很少有人知道，二十多年前，她为了自己的生活做出了什么样的选择。若是没有当初的选择，她根本见不到而今的老公，只会在家乡工厂做一个保管员，日日做着枯燥乏味的工作，虚度自己的时光。

二十多年前，肖玉琴在父母的安排下进了家乡的一家工厂，每个月几十块的工资，每天除了睡觉就是写字画画，整天无所事事。她想有所改变，但现在的工作是自己父母好不容易得来的。

正好听说有个玉雕工艺厂招工，她就偷偷瞒着家人参加了考试，然后离开了现在的工厂。她家人气急败坏也无济于事。

在新的地方,她遇见了自己的男朋友,最后成了自己的老公。后来的几年他们开办了自己的玉雕公司,生意也做得风生水起。

自己的人生自己做主,这是一个人成熟的体现。这需要我们具备破釜沉舟的勇气,纵然可能以后舟会翻,那也不留遗憾。

著名作家毕淑敏离心理学博士毕业只剩一个月时,毅然选择了放弃,她在心里有着自己坚定的选择。不管别人怎么说,她都选择了自己的追求。若是她一心在心理学领域发展下去,那就不会有现在的著名作家毕淑敏。

有人说:"我们生命的前半辈子或许属于别人,活在别人的评价里,那就把后半辈子还给你自己,去追随你内在的声音。"当然,自己的人生自己做主,并不是固执己见,将别人的意见全部屏蔽在外,而是对于友好的建议要合理地去接受。合理地去做自己的决定,方能有一定的成果。

每个人的人生只有一次,没有彩排,只有现场直播。因此自己的人生自己做主,生命才能不留遗憾。有的人随波逐流,庸碌一生,到老来,回过头发现一无所得,这如何不是一种悲哀。有自己的理想,走自己的路,才不会留下遗憾。只有你自己,才是自己的救世主。

8. 别人的意见要听,但不要让人代替你做抉择

"如果是你,你会怎么做?""你说我该怎么办才好呢?""按照你说的吧!"……每当遇到需要做决定的时候,我们总习

惯先征求一下别人的意见。

一个具有正常思维的人不会轻易漠视他人对自己的意见,就好像赛场上的啦啦队员会影响到运动员的士气一样。但我们不能让这种影响变成决定,别人的意见就像一个标杆,可以起到帮助你判断形势的作用,但如果贸然采取,说不定会误导了自己。

孙潇然大学毕业后,铺天盖地的各种单位招聘信息把他搞得晕头转向。简历投出了一大把,接到的面试电话也不少,却仍然很犯愁,原因很简单:自己看上的公司,对方看不上自己;请自己去上班的公司,自己又看不上。

求职日程一步步向前走,需要决策的事情越来越多,烦不胜烦之时,他对一位朋友央求说:"你说我该怎么选择,我听你的吧!"

朋友开始还推辞,但面对他执意的恳求,也就不好再推脱,就帮他挑了一份工作。

孙潇然高高兴兴地去公司报到了,没想到,上班不到一个周,他就卷铺盖不干了,因为这份工作并不如理想中那样轻松,再加上老板的管理和要求他无法接受,所以只好放弃了。

如果自己遇事犹豫不决,就等于把决定权拱手让给了别人。一旦别人做出糟糕的决定,到时后悔的是自己。因为,别人即便是有丰富的经验和一定的阅历,也不一定适用你的实际情况。

遇事没有主见的人,就像墙头草,随风而倒,没有自己的原则和立场,不知道自己能干什么、会干什么,只将希望寄托在别人的意见之上。但是,"横看成岭侧成峰,远近高低各不同",凡事难有统一定论,谁的"意见"都可以参考,但要以他人的意见作为自己的最终决定，却是不可取的。

当然，我们并不是说，一个人应该独断独行，不顾是非黑白。而是说，我们在听取别人的意见之后，一定要经过自己的认定和理解，用足够的理智去认清事实。很多时候，我们应该坚持自我，而不是过分地去关注别人的意见。

行事一向爽快果断的吴磊军在准备跳槽时犹豫了，摆在面前的选择有两个，一个是规模较小的公司，另一个是刚刚成立的新公司。前者可以使自己从事自身熟悉的领域，领导也比较赏识他；后者有较大的发展空间，并且完全可以做自己喜欢的工作，但是是新公司，面临的挑战性比较大，而且未来薪资也无法保证。

一筹莫展之时，他去求助朋友的意见。朋友出主意说："先做一个分析，把这两种工作各自的优劣以列表的形式列下来，这样可以很直观地看到哪些是自己真正需要的，以及自己能够做到哪一步。"

当拿出纸比较了几条之后，吴磊军的思路居然渐渐清晰了，比如长远的发展、短期的报酬、个人的兴趣以及胜任工作的程度等等。他发现，把脑子里乱码般的想法画个示意图，或是写到纸上，可以很直观地看到利弊。

吴磊军毫不犹豫选择了刚刚成立的那家公司。虽然不敢说这种选择有多明智，至少目前来说是适合他的，是他喜欢的。

有时候，别人的意见很重要，尤其在你是外行，别人是内行的情况下。别人不能代替你做什么决策，但可以提供做决策的方法。但是，最终决定权终究在自己手上。

从另一个方面来说，选择，实际上就是舍得，就好像你选择了高薪高职，却舍得了自由自在的生活一样。但一旦选择之后，就不要再反复不定，一定要努力按照自己的选择坚定地走下去。因为这山望着那山高的结果只能是竹篮子打水一场空，相当于你最初就白白丢弃了宝贵的选择机会。

9. 你的问题是：太早放弃自己的人生

在现实生活中，有很多这样的人，他们不过三四十岁的年纪，但是却觉得自己已经完成了自己的使命，就此停止学习、不思进取。他们在黄金的三十岁放弃了自己的梦想，在可以沉淀的四十岁放弃锻炼自己的身体，等到了五十岁就已经全面放弃了人生。他们整日以年老为借口，一天天在麻将场里虚度光阴，却每天在口头上督促孩子学习，去完成他们不曾完成的梦想。

那些放弃自己梦想的人将希望寄托在孩子身上，他们这一代没有完成的愿望，要靠下一代来完成。孩子若是放弃了自己人生，那便由孙子来继承，就这样"子子孙孙无穷匮也"。人想要放弃的时候，所有的一切都可以成为借口。

肖琦喜欢到世界各地去旅游，有一次她去国际知名品牌店买鞋子，转身的时候，她看到了坐在椅子上试鞋的老太太。那位老太太年龄不下七十岁，在试一双极精致时髦的细高跟儿鞋。鞋面是金色的，浅浅的鞋口，窄窄的，十分秀气。老太太脸上带着明媚的笑，上身挺直地坐着，因为试鞋，一只腿搭在另一只腿上，她身子微微变换，左右变换着新鞋的角度，就像一个时尚的摩登少女。肖琦当时就有些发呆,都忘了自己也要试鞋子。

像这位老太太的例子还有很多,七八十岁的老太太自己开车环游世界、九十五岁老人高空蹦极、一百零二岁老人重写跳伞记录……他们以自己的年龄刷新了人类可以接受的极限。连他们都不曾放弃,我们又为什么轻易地将梦想丢开?

有人说,年轻的时候有大把时间却没钱,人到了中年有了钱又没有了时间。老的时候有钱有时间了,又没有一个好的身体。

人如果想要放弃,总是能找出一大堆的理由。没时间、没机会、身体不好,但是身体不好可以去锻炼,没机会可以去创造机会,至于没时间,打麻将的时间有,看电视的时间有,努力的时间挤一挤也总该会有的。

最近"最帅大爷"在网上走红,他1936年出生,到而今已经八十一岁,这位老大爷发须全白,但却能在他身上看到一种帅气,一种不屈服岁月的年轻的心。他44岁学习英语,49岁学习哑剧,50岁开始疯狂运动健身,57岁成为"活雕像",65岁开始学骑马,70岁练出了腹肌,78岁学骑摩扎,79岁登上了T台,到而今,他追求理想的步伐依旧不曾停歇。

每一个阶段都有每个阶段的光彩。二十岁有青春,三十岁有韵味,四十岁有智慧,五十岁有安之若素的泰然,六十岁有超然物外的轻松,七十岁便成了人人尊敬的无价之宝。

作为一个女人,你若是放弃了,那你便给了那些男人太多离开的借口,放弃了打扮、放弃了理性、放弃了自己一切可以放弃的,那他还有什么留下来的必要。你要记住,身为一个女人，美丽不是给别人看的，将自己的美丽展现出来，那便保持了你应有的尊严。无论外面的世界怎么样，你要记住，自己这边风景独好。

作为一个男人，你放弃了自己、放弃了追求、放弃了健康、放弃了一切上进的机会，啤酒肚像吹气一样一天天大了起来，脸上胡子拉碴也懒得修理一下，那你就放弃了自己的人生。人若是没有追求，活着又有多大的意义。不是每个男人都能长得像明星，但至少你可以仪容得体，举止绅士。

不要过早放弃自己，或者说，直到离开这个世界前，绝不放弃自己。

你要记住，你心中曾经藏着自己的梦想，梦想无限美好，但定然不好实现，有些人在曲折的路上选择了大步向前，有的人选择了自暴自弃，然后将自己的梦想寄托给下一辈。而那些能够坚持梦想，并大步向前的人，是最值得尊重的人。所以无论什么时候，都不要轻易放弃。一定要坚定地面对未来。

10. 放下一切，放肆地为自己活一回

在现实生活中，我们常常遇到太多的无奈和烦恼，我们为了婚姻妥协，为了工作付出，久而久之。妥协多了，总是很轻易变得脆弱和惆怅。光阴易逝，与其让自己痛苦，不如让自己快乐一点，勇敢地去追求自己想要的，纵然过程累了一点，那也是自己的选择。

2015年4月的时候，一封辞职信爆红网络，上面只有十个

字:世界那么大,我想去看看。网友评价,这是"史上最具情怀的辞职信,没有之一"。

经过采访,得知辞职信的主人在河南省实验中学任教,已经 11 年。没想到,领导真的批准了这个辞职信。

简简单单的十个字,便轻而易举地爆红网络,或许没有人意识到,他们只不过是在钦羡女老师那份说走就走的潇洒。

其实,有的时候,世界就是这么简单。你若是累了,背上背包,远离纷繁的人世间,找一个没有人认识的地方,去领略大自然的魅力。徜徉山水间,笑傲风尘里。

你的感情若是让你痛苦不堪,那就放放手,给彼此一片天空,让彼此都松一口气。抓得太紧,就算是弦也要绷断。苦涩若是太多,那就打开闸门,任苦涩流走,给自己留一片心灵的慰藉。压力若是太大,那就索性放下,寻找一个机会,让自己舒一口气。如果自己的生活过成了一团麻,越解越乱,何不拿剪刀彻底剪断。

适时地放纵一下,放下原本的矜持,想购物便去购物,想旅游便去旅游,想发脾气了,到没人的地方吼上两嗓子。做一个快乐的人,保持一颗平常的心,该放下便放下,得之淡然,失之泰然。

妍妍是家里的乖乖女,一切都按父母的意愿按部就班地走着。她的成绩不高不低,考了个学校不好不坏,找了一份工作也是不好不差。

在外人看起来,妍妍那是千好万好,大家都是极力夸赞妍妍,说她懂事听话,让父母省心,很有出息。但没人知道,这个"乖乖女"所希望的生活方式并不是这样。她喜爱旅行,喜爱爬山,喜欢蹦极。或许是因为这么多年的生活太过压抑,她更喜欢充满激情的生活。

她和父母提出要辞职,她父母断然拒绝。理由是现在的工作不好找。后来妍妍瞒着父母,偷偷递出了辞职信。

一个月后,雪山之上,一个穿着白色羽绒服的女孩站在雪峰之顶,笑得一脸明媚。

人是为自己而活,不是为了别人,不要将别人投来的爱全盘接受,你往往负担不起。每个人都有每个人的想法,不能让别人的想法强制地施加在你的身上。他们认为正确的,不一定适合你,他们喜欢的,你不一定喜欢。

如果妍妍一辈子做她父母的乖乖女,在一成不变的工作中就这么生活下去,那她永远也不会开心。

放下一切,为自己而活,生活并不需要那些无谓的执著,也很少有什么不能割舍。你想要活得潇洒,就不能太过执拗。很多东西不一定非要抓在手里,很多东西不一定必须要得到。在费尽心思追求的过程中,往往失去的东西也是难以计算的。

在生活中,如何真正地放下一切,为自己而活呢?

首先,要清楚一千个人眼里有一千个哈姆雷特,让所有人都满意这是不可能的。别人的想法都是出自他们本身,对于他们的评价,我们可以认真思考后再去接受。当觉得不合理时,完全不理也无伤大雅。按照自己的选择去做,自己觉得对的,那就坚定不移地去执行。

其次,给自己设定一个目标,并朝着目标去努力。或许你的目标会让人嘲笑,或许会换来其他人的不屑一顾,但是很多人都是在被人嘲笑中一步步走向成功的。想当诗人,那就多看书多写诗,想当歌手那就多练习,设定自己的最终目标,并且分阶段一步步脚踏实地地去完成。相信自己的实力,是金子总会发光的。

第三,适当地融入集体,多和别人进行交流沟通。集体中总有一些乐观开朗的人,和他们交往的次数多了,自然会被他们的积极乐观所感染,也就不会因为个别人的目光而患得患失。

有的时候,背负太多只会让我们步履蹒跚。放下该放下的,这才是人生最好的姿态。知道自己想要什么,就努力去追求,别人的看法在自己真正想要追寻的东西面前,只会变得无足轻重。"放下"在很多时候是一种大气与潇洒。所以,追寻该追寻的,放弃该放弃的,轻装上阵,在未来的某一天,我们也许会遇到更好的自己。